U0163756

中国新闻摄影学会
中 国 航 空 学 会 航空航天摄影指导用书

CELESTIAL PHOTOGRAPHY

空天摄影学

北京航空航天大学文化传媒集团影像研究院研究成果文献

牟健为 著

图书在版编目（CIP）数据

空天摄影学 / 牟健为著 . -- 北京 : 北京航空航天大学出版社 , 2020.7
ISBN 978-7-5124-3135-5

Ⅰ. ①空… Ⅱ. ①牟… Ⅲ. ①航空摄影—普及读物②航天摄影—普及读物 Ⅳ. ① TB869-49 ② TB871-49

中国版本图书馆CIP数据核字(2019)第216731号

空天摄影学

出版统筹：邓永标
责任编辑：曲建文　舒　心
责任印制：秦　赟
出版发行：北京航空航天大学出版社
地　　址：北京市海淀区学院路 37 号（100191）
电　　话：010-82317023（编辑部）010-82317024（发行部）010-82316936（邮购部）
网　　址：http://www.buaapress.com.cn
读者信箱：bhxszx@163.com
印　　刷：北京文昌阁彩色印刷有限责任公司
开　　本：889mm × 1194mm　1/16
印　　张：21.75
字　　数：515 千字
版　　次：2020 年 7 月第 1 版
印　　次：2020 年 7 月第 1 次印刷
定　　价：158.00 元

如有印装质量问题，请与本社发行部联系调换
联系电话：010-82317024

Contents
目录

空天

人类通向宇宙

前

空：大气层之内的空域：低空、中空、高空。

天：大气层以外的空间：太空、深空、远空。

空天：距离深远概念标定的空间可视范围。

航空摄影：航空器在大气层中飞行实施的摄影。

航天摄影：航天器在大气层外航行期间的摄影。

天文摄影：通过望远镜头聚焦宇宙深空的摄影。

太空摄影：地球以外的空间或天体进行的摄影。

空天神摄：赋予美好憧憬的悬空和太空的造像。

空天摄影：借助航空器、航天器离开地表，在地球、外星和整个宇宙空间进行无人操控摄影和有人实操摄影的总称。

空天摄影旨在用摄影镜头缩短天空、太空与人类的距离，让航空摄影的天地更宽阔，航天摄影的空间更广漠，太空摄影的纵深更弘远。

这一系列新的学术用语，彰显着人类通过航空航天科技和摄影术的发展，把目光转向无垠宇宙的理论定势。在地球人即将踏上更多星体之际，我们有理由把大气层以外的太空纳入摄猎范围。

航空摄影已经有百余年历史，而航天仍然是普通人难以企及的摄猎范围。这里，我以围绕地球的航空摄影理论为基点，以大气层内飞行的航空器搭载摄影机，对获取影像所涉及的共同科目进行归纳、分析、阐释。以此引导大众的目光，随着新科技的发展在太空曝光，随着探测器和航天员的镜头向宇宙延伸。

关注从远古至今的中国图画不难发现，华夏的视觉艺术体系是用俯瞰视界支撑起来的。中华山水画就是以俯瞰形式刻画万物的形态与意境，以

神摄

的视觉导轨

言

悬浮的飞天状态表征人物的姿态与神韵。这绵延不绝的空天影像艺术基因，承载着“中国梦”的具象，成为远古传承至今的“神摄视角”。让我们用航空器、航天器搭载摄影机的方式，接过前辈赋予的“空天神摄”使命，让更多中华民族的飞天梦想具象浓缩在现实的空天影像中。

值得注意的是，当我们登上张家界玻璃栈道居高临下时，会产生恐高反应，这就提醒大家：人类娘胎里没有带着从高处往下看的生理机能。我以为：“空天神摄”是建立在远眺和俯瞰基础上的视觉艺术，作为空天摄影师必须依靠后天的历练战胜恐高，在亲历的航空航天运动和悬浮状态下，建立俯视经验和空间意识。

这里，我将用从事航空摄影事业30余载——乘各类航空器从大气层中的各种高度、各种速度、各种角度和各种气象条件下，执行历次阅兵、大型军演、抢险救灾、航天施训、航母海训、实弹发射、科研试飞、中外比武、特技飞行、巡航南海、海陆搜救、周游世界、空射导弹等，两千多架次航摄任务取得的切身感悟，诠释空天摄影技艺的精髓。让广大空天摄影工作者、爱好者们得到针对性较强的“空天神摄”实操规范、经验诀窍与艺术理念。

让“空天摄影”带着人类的“神摄视角”，仰摄太空星际，俯摄人间百态，远摄宇宙黑洞，成为人类与天空、太空、深空、远空连接的视觉纽带。

2020年6月30日

第一章 Chapter 1 空天创意航摄

空天创意航摄的学科定义

空天创意航摄：以航空器、航天器、探测器、空间站、地球或宇宙天体为工作平台，以预定审美设想为标准，选择空天影像信息元素，按预定创作理念直接反映或曲折美化自然与生活的摄影门类。

运用线性构成造型

线性构成造型：以线条结构作为航空影像画面要素

飞行中，摄影师必须调动美学观念和造型意识，发现线条在航空影像构成中的作用和规律，发挥线条与调性、色彩相互作用下产生的形式美，并按一定结构方式，有序组合配置，形成能够传达内容、情感和思想功能的有机体。

观察提炼线条

线条是航空影像的骨架，飞行中观察分析景物形成的线条，通过感官提炼发现航空透视扩散与聚集规律，使其在镜头中形成有整体感、连贯性的结构。

光影塑造形素

线条是通过光源凸显塑造出来的。航空摄影应该充分利用机动飞行优势，寻找理想的光照角度，塑造景物线型构成。空中选择线性构成时，采用侧逆光居多。

线条情绪寓意

竖线，给人坚实庄重的视觉印象。横线，给人开阔宏观的视觉感受。斜线，给人活泼动感的视觉冲击。曲线，给人灵动韵律的视觉享受。

运用对角斜线

对角线，是航空影像广泛运用的线型布局。通过联系画面对角的线形关系，让画面富于活泼和运动的感觉。这是拍摄飞机的经典构图，能让主体最大限度地充满画面，为画面带来一种刚硬强烈的冲击力。

▼ 图1

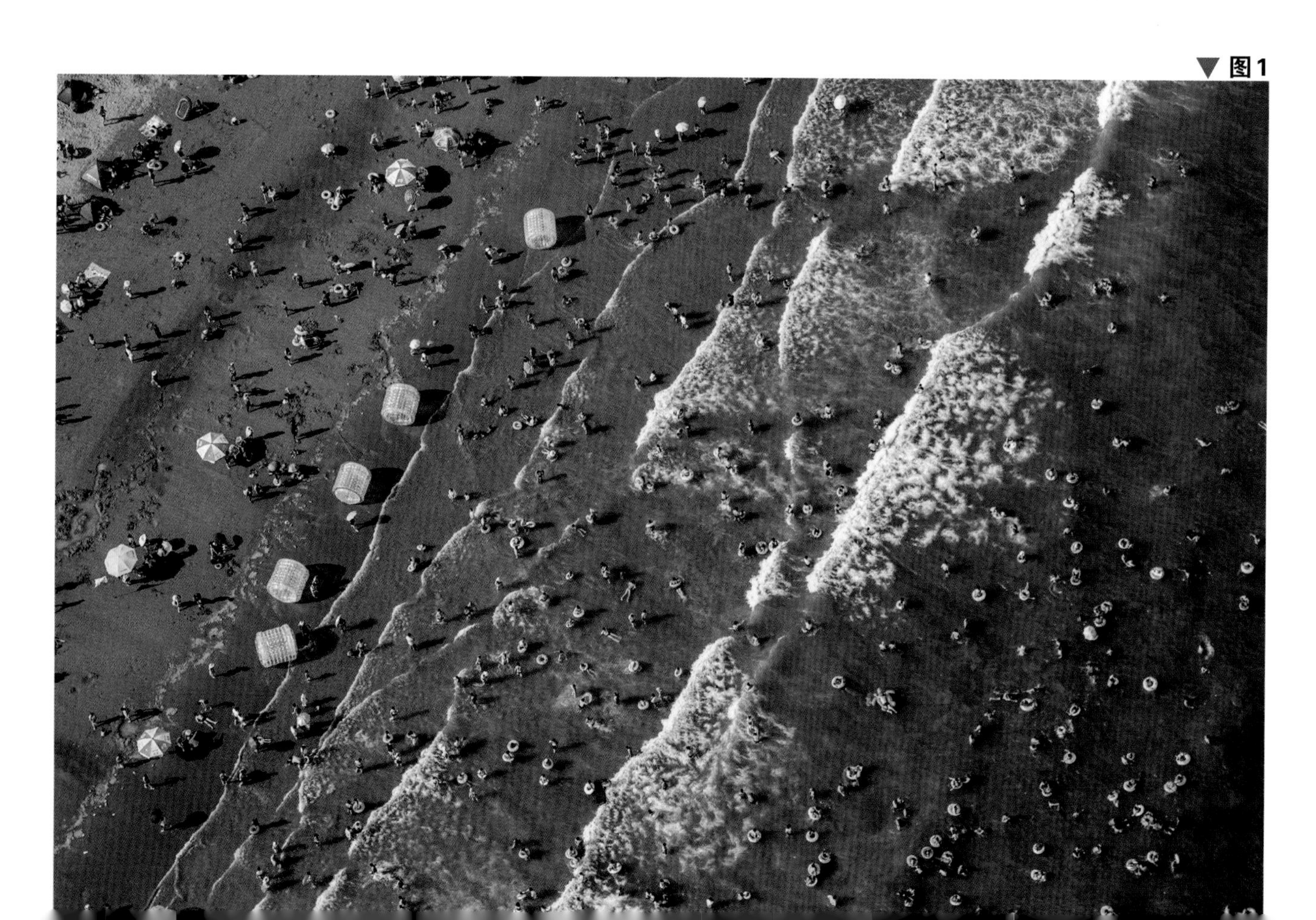

▲ 图2

图片说明

•**图1**：海浪形成的无规则波曲线，使海岸出现了有节奏的韵律感。

•**图2**：曲线，包含着活泼、欢快和美感，海南五指山区的梯田形成自由曲线，带着韵律流淌，给人以优美的飞翔感和延伸感。

•**图3**：中国最北端的黑河原野，被初雪勾勒形成的纹络，构建神奇的画韵，营造美妙的超凡脱俗的意造境生。

•**图4**：迂回的曲线，使人联想起龙蛇盘曲的躯体，黄河大拐弯多变曲线的画幅中，使人产生有节奏的流畅感。

•**图5**：三角形的要素形状给观者以对称美感与均衡美感。

▶ 图3

▼ 图5

▼ 图4

设置画面构图布局

画面构图布局：影像点、线、面组合形成的整体结构

空天影像的画面布局，是以纪实为前提的构图组合。空天摄影虽然不能改变地理地貌中的位置关系，也不能改变社会生活的自然形态，却能够在大千世界中通过发现和选择，构建合理的布局，构成完美的影像艺术画卷。

图1

建构画面框架

画面布局中的框架结构，来源于自然和生活中事物间的位置关系。应该发挥航空高度、角度的变化优势，运用形式美的规律加以简化、纯化、强化，构成由点、线、面结合，排列配置所形成的全局整体结构，聚焦有规则的几何图形构成、不规则的自由曲线图形构成、规则与不规则交融的结合性构成。

处理画面空间

空天影像表现的是客观世界的自然和生活状态，摄影师不能任意改变它的形态和姿态，只能运用拍摄高度角度的变化，采取强化或弱化空间感、立体感的方式，处理画面的空间布局。让若干视觉形式要素按一定的结构方式，有序组合配置，形成一个能够传达情感和思想功能的有机整体。

构成画面韵律

空天影像的韵律构成条件，组成了韵律秩序和韵律轴线等韵律要素，这和自然与生活中的节奏现象相似，与文化艺术领域所指的韵律、意境内涵有所不同。它是画面形状、色彩、质理等大的结构关系组成的骨架线、轮廓线、区域分界线、动势轴线以及色彩边线的综合体。

图片说明

- **图1**：横穿高楼的直升机编队，形成了线性构图的基本布局。
- **底图**：大片蓝色的水纹中，衬托着老中少三代女人的身影，成为画面中抢眼的视觉中心。

选择包围架构形式

包围架构形式：景物被周边物质簇拥在中心的构图

主体被特定地貌色域或建筑物体环绕其中的包围式图案框架，是最能达到凸显主体、烘托主题的航空影像的唯美形式，也是航空环境中经常出现的俯视形态。

包围架构的框取

包围式构成，是航空摄影师可遇不可求的理想造型。在航空俯视环境中，任何被周边云彩、植被或建筑等环绕在中间的景物，无论是圆形、方形或多边形，都会显得特别抢眼。摄影师在选景时应该注意用带着取景器的目光，框取这些有着形式感的包围式图案架构，但聚焦点必须选在中心位置。

透过云缝的焦点

布满天空的云朵是高空飞行中最常见的情景，这些美丽的云团既是对地透视的障碍，又是广阔空间的装饰。透过茫茫云海缝隙，可寻找到云层背后的视场环境，从中发现寻觅趣味点。这样的构图既增加了空间透视感，又平添了画面的装饰性，视觉中心的景物烘托在云朵之中，吸引着观者的目光。

视觉中心的价值

包围架构是一种人见人爱的形式，但人们更关注被包围在中间的影像价值。如包在中间的“没啥玩意儿”，那包围得再美也就“没啥意思”了。这就是形式为内容服务的道理：影像价值高于艺术形式。所以说：包围在中心位置的画面内容是观者关心的核心，也是摄影师借以凸显和表达的影像内容。

▼ 图1

图2

图片说明

- **图1：** 母女组成的人物视觉中心，被包围在花团锦簇的热带植物中。
- **图2：** 素衣女被周边绿植簇拥在中心位置，成为观者目光的凝视点。
- **图3：** 被绿植簇拥在中心的建筑格外气派壮观。
- **图4：** 摄影者特别关注用血肉之躯抗争在车流缝隙中的摩托车，用车体图形交汇点形成视觉兴趣中心。
- **图5：** 河北大型村落的包围式建构，在航空垂直扣视中一目了然。
- **底图：** 旋翼煽动起的水波，在光影作用下造就的包围架构，也是值得期盼和涉猎的理想画面。

图3

图4

图5

寻觅圆形俯视图案

圆形俯视图案：规则或不规则的球状航空影像造型

在造型艺术中，圆形图案最为人们所钟爱。在中国人的心中，圆形就是天，是自然，是和谐，更是团圆和美的象征。在航空摄影师的俯视创作意识中，圆形永远是大地上最能吸引眼球的航摄目标。

造型艺术的经典

圆形弧线是美学中最重要的构图形式，是所有形状中最简明的图形。它无起止、无方向、无首尾，具有视觉向心力、团聚力、收拢力。是不可多得的美术构成元素和造型艺术的经典形式。

航摄特有的形式

在空中的俯视环境中，圆形景物出现的概率远多于平视和仰视的平面视界。在航空摄影师的俯视意识中，圆形元素的出现是形成视觉中心的重要机会，只要营造出被摄主体簇拥在圆心的视觉架构形式，就能达到饱满充实的视觉艺术效果。

读者眼里的天宫

在航空影像中不管主体轮廓是圆形，还是主体被圆形元素所包围，画面中只要出现圆形的整体曲线轮廓，就会引导着读者的视觉驻留点向圆心聚拢，给人以完整、紧密、团圆、严谨的整体视觉感受。

图片说明

- **图1**：直升机被包围在近似圆形的地貌中，凸显的位置使它成为观者视觉中心的凝视点。
- **图2**：在空中，鄱阳湖畔四面环水的圆形小村落吸引了笔者的目光。
- **图3**：垂直俯瞰，椭圆的形状给人以协调的稳定感。
- **底图**：这张渔网形成的圆心让航空摄影师的目光驻足，画面布局中的圆形永远会吸引观者的注意力。

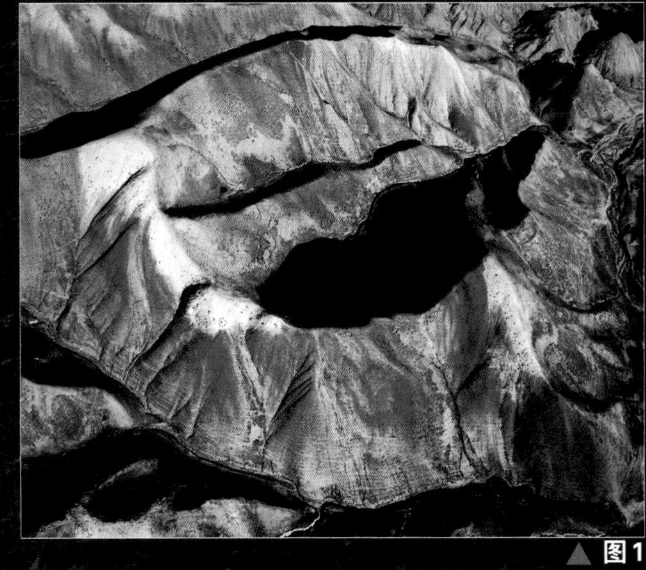

图2

图3

凸显尾涡气旋视效

尾涡气旋视效：飞机尾喷涡流形成的空气扰动可视表征

喷气式飞机发动机在形成强大推力的同时，产生了一个较大的空气扰动尾涡气旋范围。因为传统的摄影技术对紊乱气流的成像效果不明显，所以以往这种视觉变异并不为摄影师们注意。随着摄影术的发展，尾涡气旋被清晰地呈现出来，我们必须对这种特殊的航空透视变异现象加以研究和运用。

干扰视效的气旋

尾涡气旋最大的特点是对空气进行无规则的扰动，使之形成破坏正常透视的气流涡旋现象。所有处在尾涡气旋中的物质，都会被羽化成虚无缥缈面目全非的变异怪影。尾涡气旋是影像透视的破坏因素，有正常视觉记录成像要求的摄影项目，应该避开尾涡气旋的干扰区。

烘托视效的气旋

随着摄影术的进步，尾涡气旋越来越清晰地被记录下来，成为飞行器航行中推力表现的重要元素，呈现着飞行器特别是喷气式飞机推动威力的形象表征。它随着发动机推力大小而变化，动力释放越大气旋表现越充分，反之推力减小气旋效果呈现弱化。

凸显气旋的视效

尾涡气旋突出显现在飞机地面滑行、特技飞行、战术飞行、加力起飞等发动机大能量释放推力之时。在侧光、逆光等反向光线的照耀下，极易产生斑驳陆离的色光效果和奇异魔幻的童话意境。相反，在发动机推力较小的正常平飞巡航中，特别是在顺光直射的条件下，或者是在漆黑一片的夜空环境里，似乎很难发现飞机尾部拖曳的尾涡气旋。

图片说明

- **图1**：测光的辉映中，战机尾部形成的涡流现象表现突出。
- **图2**：战机发动机产生的尾涡气旋，使后续飞机主体笼罩在虚无缥缈的视觉环境中。
- **底图**：在逆光的发射中，正在加力起飞的战机后部的尾涡气旋，层次分明、色彩饱和、气氛强烈。

图1

图2

利用镜头光晕特效

镜头光晕特效：利用镜头耀光产生的特殊镜像

光晕产生于镜头正对光源时，镜片光学组合出现的耀光现象。航摄中多产生于迎光或逆光的情况下。光晕既是被摄景物透视的破坏因素，又是影像特殊光效的艺术元素。

▼ 图1

▼ 图2

破坏画面的因素

大部分光晕是由悬浮在大气中的冰晶折射或反射光线而产生的环形、弧形、柱形或亮点形式的光学现象。光晕造成的耀光，会扰乱正常的构图、光照效果，改变影像透视关系，甚至造成"吃光"使影像曝光过度。

消除光晕的干扰

航摄中消除光晕的办法很多：改变镜头焦距使光晕消失；使用遮光罩挡住直光射入；偏移拍摄方向避开顶光、逆光或迎光角度；运用偏振镜的折射消除出现的光晕现象。

运用光晕的效果

光晕是一种特殊的光影效果，可以作为一种艺术影像元素，运用于航空摄影的创意之中。可以有意识地让强光投射在镜头中造成的多变炫光出现在画面的某个部位，使整幅影像产生特殊的奇幻意境，填补构图中的空白，增强呆板天空的画意效果。

图片说明

•**图1**：透过舷窗玻璃产生有秩序的光斑，加强了画面的色彩和构成的艺术效果，日落时色温较高色彩异常艳丽。

•**图2**：用镜头正对太阳产生的耀光，补充天空过于空旷的构图缺憾。

•**底图**：镜头迎光产生的光环，给飞机以特有的神秘感和活泼感。

渲染波光反光装饰

波光反光装饰：镜面介质反光和水波反射光斑的美化效果

波光是江、河、湖、海反光区域中微乎其微的小点散布在水面上的无数光点汇聚成的面，摄影师的视角提升后，视场中经常会出现阳光和月光大面积投射在水面、沙滩、雪野时洒下的反光带，在画面中具有很强的光感装饰效果。

瞬间出现的波光

波光，由弱到强，然后消失时间是短暂的。水面上运动的舰船划出的航迹，也会在一定的光照折射角度中瞬间泛出波光涟漪。空中俯瞰，反光带的出现可以根据航向预测，而反光点的出现却是毫无征兆，具有突然性。

装饰效果的光轴

波光是强光反射体，具有超强的光亮度，水面泛起的银鳞般耀光极有表现力，它的大面积聚集出现，会覆盖并改变水面景物的色与形，使被摄目标失去应有的光色感、透视感和植被感，使地域环境成为色调统一的、高反差的线性结构图形，出现近似版画效果的黑白框架轮廓。

可以掌控的宽窄

飞行高度直接影响光轴映照区的长度与宽度。飞行高度越高，光轴就越狭窄，反之就变宽。摄影师可以利用飞行高度和镜头框取，控制光轴在画面中的面积、宽度和形状。画面亮度也会影响反光带形成的光轴外延的宽度，影调越暗，光轴就越窄，反之则变宽。

光影管理的调性

波光通常为反光较强的灰色和白色光斑，与周围环境形成很大的亮度反差，会造成影像光比过大而使明暗失调，摄影师必须适当调整曝光，以控制画面影调的协调。在容易出现反光的空域里，必须注意给曝光指数留有余地，以避免强光突然出现干扰曝光。

影调变化的控制

天空投射光强弱和地面反光水域面积，决定波光区域大小。航摄中可以随着机动变化选择照射强弱，掌控反射波光的亮度布局，以及光轴在画面中的面积大小，控制影像的黑白调性，以达到空天影像艺术创意的要求。

▼ 图1

▼ 图2

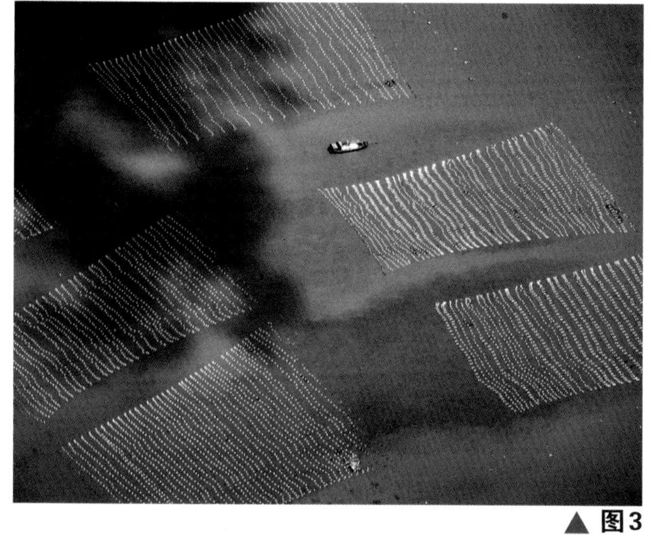

▲ 图3

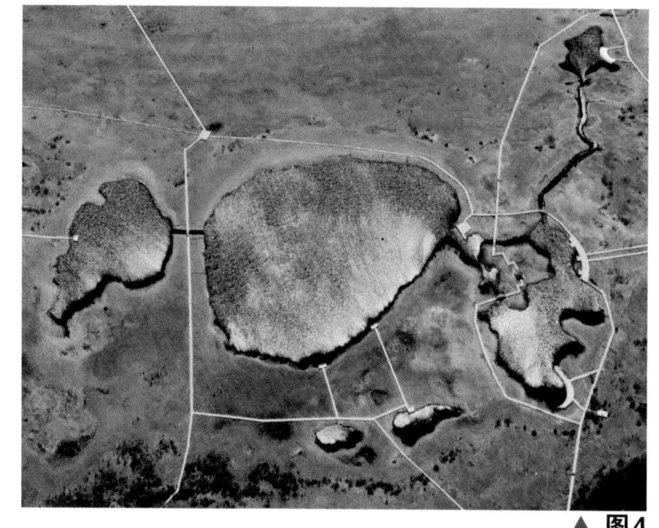

▲ 图4

▲ 图5

▲ 图6

图片说明

▲ 图7

•**图1**：飞机舷窗玻璃透射着强烈的反光，桨叶下的翼尖风荡起千层浪卷，阳光给它们披上银装素裹，形成特有的波光，好一派怒海侦凶的气势。

•**图2**：反光映区中，画面中的人物被硬性地分离开来，晚霞的余晖增强了轮廓感，加强了温馨的色彩氛围。

•**图3**：飞行中水面的反光具有瞬间性，需要敏捷快速地聚焦定格。

•**图4**：反光把七星湖的轮廓勾勒得格外清新。

•**图5**：在反光的惊涛骇浪中，一叶轻舟被凸显得清清楚楚。

•**图6**：海浪簇拥着波光有序推进，建立了影像的节奏感，只是波光与海滩亮度出现很大光比。

•**图7**：阳光映亮了大片海域，舰船尾迹勾画出符号式的优美图形，波光使画面充满神秘和魔幻。

强化逆光俯瞰特性

逆光俯瞰特性：来自航摄机位前方光源的俯视影像呈现

逆光，是航摄大地最常用的光照方位。空中俯视，逆光能够强调景物的轮廓和景物之间的距离感。在航摄时可以出现空间深远、透视感强、层面隔离的效果。在早晚低照度情况下，明暗的光比较强，可以隐掉杂乱景物，烘托突出主体。

逆光种类的分析

逆光亦称轮廓光、造型光、隔离光或背景光。由光照角度、高度与航摄飞机的相对位置，又可分为正逆光、侧逆光和高、低逆光。

物体投影的效果

空中俯视，景物高低错落造成的投影大小，随光照角度以及飞行高度和镜头指向的倾斜角度而改变。因此，应根据预测和判断选择适宜的时间进行航摄，以期达到预设的逆光投影效果。

主体曝光的把握

根据拍摄要求和作品用途来确定逆光使用的明暗程度，避免因主体过暗损失应有的质感。在航摄中应随时注意主体曝光补偿，不能因为高光太强、光比太大，使主体景物的暗部影像缺失。

色彩特点的注释

注意被摄景物的色温变化、光线明暗及有色反射体给景物造成的色彩影响。正确选择衬托主体景物的背景，避免因明暗及色差关系不当而造成主次不分或影像损失。

▼ 图1

▲ 图2

▼ 图3

图片说明

•**图1**：喷洒作业飞机伴着水雾向前飞行，表现出了超出固定空间的视圈。

•**图2**：逆光增强了舰机在海洋中的大气透视效果，出现影像扩散的视觉感受。

•**图3**：夕阳形成逆光透射中的高天云海，阴影加强了色彩和影调变化，逆光把云层勾勒得似千层山峦，给人们以气势磅礴的空间感。

把控迎光透视效果

迎光透视效果：镜头直接对向自然光源所呈现的影像

以往的摄影教范，把强光进入画面列为禁忌，摄影师视强光为洪水猛兽唯恐避之不及。而今随着摄影器材的更新换代，强光已经不会再给画面造成毁灭性的过曝“吃光”。因此，研究和运用太阳透射强光的装饰作用成为航空摄影的课题。

太阳内核的亮度

太阳由季节、时辰和气象条件决定其亮度高低，早晚亮度最弱，中午最强。日光亮度分为内核、主体、外延、芒圈和光环五层。以内核部分最亮，主体其次，依次递减。

图1

太阳内核的成像

目前民用照相机无法把强烈日光内核的层次拍出来，任何进入白昼太阳中心区的景物都会有一定的吃光。摄影师可以根据物体进入核心区的大小比例决定被吃光的面积，也可根据距离核心区的远近预计吃光部分的面积。

图2

控制过曝的预调

要航摄照度强烈的日光区，必须先期调整曝光设置。最好启用相机速度优先程序，把速度盘调至最高，感光度调至最低，然后对准日光确认是否适度。

烈日透射的效果

随着摄影器材曝光控制技术的发展，摄影师不再为过曝烦恼。强光造成的眩光、耀光和光晕，都成为画面的装饰元素，给航空摄影师以更大的创作空间。强光直射下的强硬的反差和艳丽色彩，强光反照的逆光效果，成为航摄中刻画景物的重要形素。

图片说明

- **图1**：迎着日光拍摄以大面积天空为评价测光基点，浓云遮住的太阳成为天空构图中辐射光芒的中心，起到了丰富画面的装饰作用。
- **图2**：迎着阳光，摄影师透过歼教6飞机前舱玻璃，拍下两架飞机的剪影。
- **图3**：特技飞行编队拉烟在迎光中形成线性剪影，充满了热烈恢宏的气势。
- **图4**：飞行表演飞机进入阳光直射区，只要控制好曝光量，并不影响整个画面的曝光质量。
- **底图**：经过后期增加反差和压暗处理，太阳周边出现了光环套叠色谱现象。

图3

图4

因袭美学光照塑形

美学光照塑形：运用自然光线透射美化景物影像

光是航摄的生命，随着航空器高度、角度的机动变化，光照方向在不断改变，影像出现不同的光影效果。所以，飞行前要分析即将出现的光线条件，选择航摄升空的时机。飞行中应该特别注意在光照的变化中感知、掌控、把握和运用光的瞬间造型功能。

光谱概念的注释

空天摄影是基于自然光描画映像的学科，光学影像是由景物反射光通过摄影感光生成的，大气对光的折射、吸收和散射，直接影响影像的色温、反差、影调和清晰度。

光学造型的作用

没有光线便没有事物的影像，归纳起来，光线在摄影中的作用主要有以下几个方面：满足摄影技术上对照度的基本要求；表现物体的结构和颜色；表现物体的空间位置；再现环境气氛和时间概念。

光照方向的特点

顺光，会削弱被摄景物的立体感。逆光，有利于刻画景物外形并增强画面纵深感。测光，易于强调不同物体间的边界线和关联性。反光，经常是瞬间出现，容易造成曝光过度或明暗光比过大。漫光，易于再现景物自然色彩，捕捉景物暗部细节。

光向机动的变化

在航摄的飞行机动变化中，阳光的照射角度，除了随时间、季节、经纬度的变化而改变外，还会受飞行高度、角度的变化，随时影响被摄景物的表面介质、纹理、色彩、形状的光影再现。应该根据影像要求，预前设定光影的效果，决定何时到达指定景区上空，什么方位、什么高度，光照符合画面构图和影调气氛的理想要求。

图片说明

•**图1**：强烈的光照，使水田的构造凸显，出现反差较大的线性交叉构成。

•**图2**：大海统一的底色调性让观者的色觉得到平衡，海军水面舰艇和潜艇为镜面反光中的海面增加了活力。

•**图3**：复杂光照折射条件下水波是一种神奇的视觉造型元素。

•**图4**：用慢速快门航摄直升机桨叶挥舞成圆形的反光面板，展示出较强的光影装饰效果。

•**底图**：在侧逆光的照射下，这片雅丹地貌在黑彩基调的映衬下，出现了明暗对比的图案。

图1

图2

图3

图4

第二章

Chapter 2

空天纪实航摄

空天纪实航摄的学科定义

空天纪实航摄，以航空器、航天器为工作平台空临事发现场，以影像信息为存储形式，对正在发生的事件或某个现场实景，进行镜像真实记录和准确再现的摄影过程。

发现景物影像价值

景物影像价值：大千世界中值得航摄的、有价值的物象

空中俯瞰辽阔大地，并不是处处充满生机。摄影师必须在空中观察发现有价值的航摄目标，把目光投向一隅，经过选择去捕捉感兴趣的点和面，并确立它在画面构成中的视觉位置。

图1

图2

框取被摄的主体

多半航摄任务是有主题的目标主体涵盖。就是在指定地标范围内完成预定航摄主题内容要求。因此，这个兴趣中心应该是事件发生的中心点，或是目标景物最具视觉表现力的主体部分。

发现趣味的视点

与任务性航摄相比，笔者更喜欢在空中无主题的兴趣选择。这就是在俯瞰纷乱的大千世界中，完全凭借自己的审美观念发现撷取兴趣中心，完成创作意愿。

强化视觉的中心

尽管兴趣中心不完全等同于视觉中心，但是我们要求摄影师应该在空中运用主体安排、背景分离、框架形式、线条引导、焦点选择等一切技艺手段完成兴趣中心的塑造，并尽量把它确立在航空影像的视觉中心。

凸显重要的局部

在后期制作中，摄影师应在不改变影像真实性的原则下，运用画面剪裁、色彩处理、影调选择等艺术理念和技术手段，加强视觉趣味中心的视觉气氛营造。

图片说明

•**图1**：2019年5月，乘民航飞机飞经正在建设中的北京大兴新机场主体建筑。

•**图2**：2015年9月，随胜利大阅兵空中梯队第一方阵空临天安门广场，看到了长安街上准备接受检阅的地面方队。

•**图3**：在北京至郑州的航班飞机经过太行山脉时，图中的线性建筑不是铁道线也不是公路线，它就是著名的“红旗渠”水道。

•**图4**：1998年8月，长江抗洪期间，摄影者在空中发现了这处号称险中之险的武汉三江汇合点，并拍下了记录历史的受灾险情。

•**底图**：1992年5月，装备中国海军航空兵的国产歼8II战机首次执行南海巡航任务，飞临西沙群岛七连屿上空，发现了这座标志性岛礁的影像价值，迅速把战机和地标定格在画面中。

图3

▼ 图4

空中搜摄预选目标

搜摄预选目标：临空发现和航摄预前确定的地标景物

航空摄影大多会有明确的航摄目的和目标，但这些目标和所在区域或许不明确，而被摄主体的外在形象以及最佳立面形象，对于飞行员和摄影师或许都是陌生的。飞机根据预定航线飞抵航摄区域，能否准确地判断识别预定地标，把握最佳的方向、高度、角度，就是摄影师完成航摄任务的关键所在了。

重要景物的包容

受留空时间、能见干扰、气象条件等因素的影响，不能完全确认主要地标的情况下，应该用广角镜头尽量扩大视觉范围，把地理环境、地貌特征及主体景物包容在自己的镜头中，以确保万无一失。

观察识别的时机

根据飞行航速，按预定到达时刻前5分钟，对前方进行概略观察。笔者的观察方法是：由远而近，由侧到前，由大到小。逐步缩小观察范围，指示飞机向地标中心靠近，直到发现和判明地标位置。

地标特征的抓取

中、高空飞行，主要根据地标俯视平面特征识别。低空、超低空飞行，除平面特征外，还要按地标类别的侧视立面特征进行瞭望观察。对预定地标，应该在航摄实施前做全面的空中侦察或地面考察，以期获得更多视觉认知。

相关景物的辅助

有些地标景物本身缺乏明显特征，像楼宇、高地、河道等，应以周围相关景物的相对位置、地貌特征、建筑结构等要素作为识别依据。先通过附近相关物体与被摄目标的相对位置，由肉眼观察认准被摄主要地标景物后，再用相机取景器实施摄影操作。

▼ 图1

▲ 图2

▲ 图3

◀ 图4

图片说明

•**图1**：冬季飞经吉林省吉林市上空，摄影师拍下了松花江环城流域的典型地貌。

•**图2**：按照飞行导向仪器，发现了承德皇家避暑山庄中心标志建筑群，以及所在的地理环境位置。

•**图3**：在对北京居庸关长城的盘旋观察中，这里最能体现一夫当关、万夫莫开的雄伟气势。

•**图4**：普陀山岛上的南海观音立像是航摄的主要地标。

选择典型局部镜像

典型局部镜像:具有代表性的、简约的被摄景物

许多摄影师从平视改成俯视,就会在波动的情绪中盲目用镜头括览,使画面因纳入不必要的细节而杂乱无序。空天摄影是形象减法工程,图像中与主题无关的内容越少,主体就越醒目,主题就越明确。

提炼局部的亮点

摄影师要调动日积月累的审美经验和审美鉴赏能力，运用色彩、形状、线条、质感等审美要素，在航空特有的俯瞰透视关系中，创造性地寻找秩序，建立兴趣中心。

框式观察的局部

在飞行中,建立“取景框”观察意识,让眼前永久性地套着取景框。建立由远到近的景物镜像框取习惯,让取景框里永远是最简洁的画面构图。

▲ 图1

局部影像的调取

尽量把主体景物拉满视场,以突出某个细节增加图片像场利用率,并对这个形象要素加以强调,使之形成特写镜头,取得较好的视觉冲击效果。

突显局部的景深

在中低空高度航摄,景物会出现高低落差和前后纵深。应该利用镜头大光圈缩短景深的特性,使被摄景物清晰范围压缩,对纷乱的地貌景物进行过滤,去掉分散注意力的影像干扰因素,从全景中调出视觉兴趣点。

▶ 图2

▲ 图3

◀ 图4

图片说明

•**图1**：浙江普陀山的普门万佛宝塔和寺庙群，形成了这个宗教圣地的标志性建筑群。

•**图2**：选择北京颐和园北部环境，希望将人们的视觉中心放在万寿山背面的亭台楼阁上，这均衡的画面设置是中国人历来的思维定式。

•**图3**：飞行在北京上空，虽说是一步一景，但是飞机速度太快，在眼花缭乱的建筑群中选择有拍摄价值的局部十分困难，这是表现北京金融街最具代表性的局部景别。

•**图4**：在飞行中随意框取这个歌舞的场景很容易，但是如何把它安放在画面中恰到好处的位置，却要调动你的审美神经。

鸟瞰大众生活景象

鸟瞰大众生活：空中俯视人间平常百姓过的日子

随着航空事业的快速发展，人们开始借助航空视角审视自己的生活状态。把航空视角转向社会的大千世界，用空天摄影揭示凡人的日常生活，将成为一种视觉文化趋势。像许多新兴艺术门类一样，空天影像文化也必定走过时尚浮华的艺术之路，到达返璞归真的至高境界。

利用留空的时间

笔者特别珍惜空中飞行的每一分钟，只要不在主要航摄任务地标上空，总愿用长焦镜头俯视人间。无论是大街小巷、山村集市，还是烤肉摊、推麻将、办喜丧……经常“开着飞机去拍地瓜地，端着顶级相机去追驴车”。笔者建议有航空条件的摄影师，把留空时间向生活空间拓展，浏览生活百态，记录世间万象，观察百姓生存空间。

发挥俯角的优势

在空中往下看，那些司空见惯的平常事物，会因为视角的大幅度改变，给人带来意想不到的新奇和惊喜，哪怕最熟悉的生活空间，改成从上往下看，都会变成吸引人的陌生景象。由此，空天影像将成为人们全方位认知世界的视角补充。

▼图1

俯视世间的百态

应该指出的是，空天视角看世界往往是走马观花，给人浮于表象不切实际的印象。建议摄影师带着生活中的体验到空中去寻找俯视印象，把自己对社会的深层次理解认知，融到航空视觉发现上。空地结合，让空中记录的纪实画面更贴近地面生活，让航摄更接地气，让空天摄影的社会文化底蕴更加厚实。

图片说明

- **图1**：开着飞机进山，从空中摄影师用七仙女的视角观察农家秋收后丰收的地瓜地，对角线的画面构图体现秩序与活力。
- **图2**：在地面，拍摄者以任何形式出现都会打破目标的生活静态，而在空中飞却获得了这种自然而朴实的瞬间。
- **图3**：在繁杂的生活世相中寻找美好的秩序感。
- **底图**：空中俯瞰生活在狭小空间中的渔民们。

俯视社会问题实例

俯视社会问题：暴露在航空视野中的弊端影像例证

空天视界中人间不是处处美好。空中俯视会发现许多令人心寒的景象。 航摄人有义务把这类信息带回来，以舆论监督的形式传播出去，让更多的人正视这些社会问题，分析深层次的原因，以最终消除这些不和谐。

空天视野的发现

在人类向现代化跃进的过程中，社会或出现许多不合理、不文明的事物，它们藏在大千世界里。航空器的高视角打破了这些视觉盲区，使许多问题现场像秃头上的疮疖一目了然。

问题焦点的捕捉

摄影师思想意识中只要有正确的是非观念，就会在空中辨别和发现这些不和谐的现场情景，我们应该居高临下把它框取、定格、拿下，成为媒体平台上可见的“立此存照”。

是非曲直的诠释

其实，摄影师在发现问题时，已有了清晰的是非观点。在捕捉记录过程中要做的就是：如何准确地表达这种观点所需要的印证影像要素，使这种批判被诠释得更加有说服力。

忠于现场的记录

航摄问题现场，必须以准确的形象表述为原则，不得渲染夸张。无论是色彩、反差、对比，还是结构、形象、质地，都应该保持原汁原味、形象真实。

▼ 图1

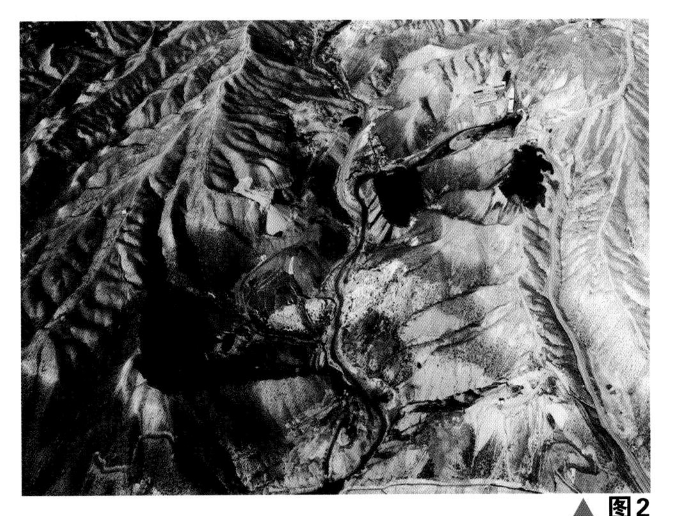

▲ 图2

▲ 图3

▲ 图4

▲ 图5

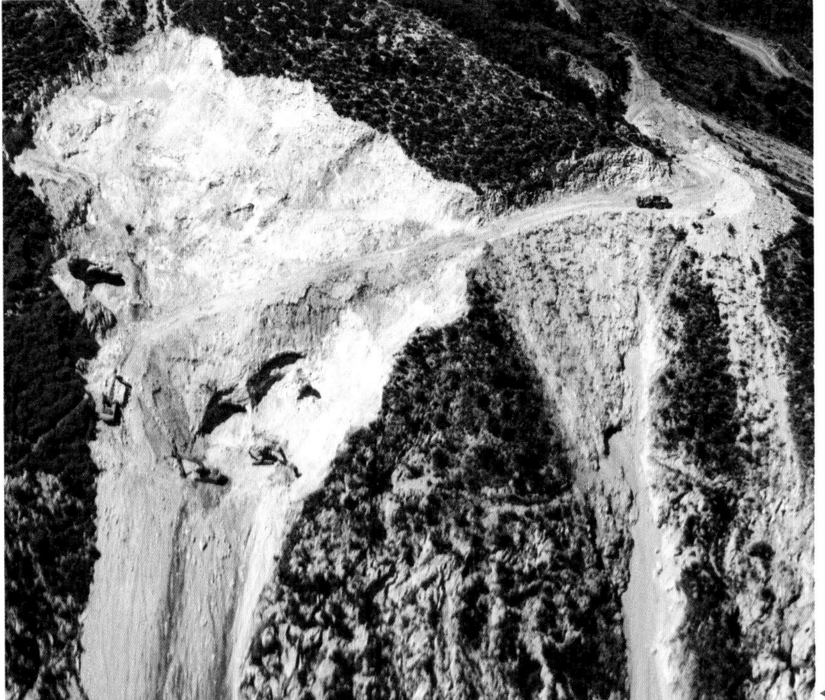

◀ 图6

图片说明

•**图1**：为了获取矿石，人们完全不顾关乎民生的公众电力设施的安全，只顾疯狂挖掘。

•**图2**：新疆雅丹地貌被破坏的情况调查。

•**图3**：长城景区一处游客很难看到的一幕：工程垃圾在航空视野中显得十分刺眼。

•**图4**：广东沿海一处拥挤的居民区。

•**图5**：空中俯瞰，工业与农业争地的现象随处可见。

•**图6**：河北某地山区私挖乱建的工地随处可见，挖掘机在肆意破坏着我们的青山绿水。

航摄突发事件实况

突发事件实况：航空拍摄突然发生的事件核心现场

航空器，是进入突发事件现场最快捷的交通工具。航空俯瞰，是记录新闻现场的最佳视角。航空摄影，是记述突发事件现场实况的主要技术手段。航空影像，是记录和传播突发事件的重要载体。

现场信息的获取

接到警报后，应尽快搞清事件性质、发生原因、暴发时间、受灾中心点等要素。确定拍摄价值后，立即联系飞行部门争取航空配合。到达机场，首先与航行部门及飞行员进行协同，设法了解事件进程；搞准事发中心地理环境的中心区、禁区、边缘区；确定飞行进入点和关键拍摄区域。

紧急飞赴的准备

登机后，抢先选择透视好的观察口，争取打开舱门、舷窗；告知机长你在飞机的哪侧；戴好耳机，以便随时与机组联络并了解实况；把摄影器材放置有序并装配设置好；系好安全带；准备氧气面罩；海上飞行要穿好救生衣。关闭舱门舷窗，以保证飞机航速，飞临事发地上空前打开；摘掉遮光罩，以免被风吹掉；在面对危险和任务压力中，保持冷静的头脑不受干扰。

空临现场的实操

保持相机温度，以免电量消耗过快；注意防毒、防化、防缺氧。在复杂地标上空注意避让建筑物和危险区；如果航线不利于航摄新闻内容，应及时通知飞行员调整。注意聚焦和相机稳定；节约电量，节制拍摄数量；在事发中心用广角镜头概括现场全貌，让受众了解事件发生、发展的概况。还应用中、长焦镜头，航摄关键部位的新闻特写深化报道主题。

▼ 图1

▼ 图2

图3

▲ 图4

图5

图片说明

•**图1**：正在举办亚运会的主场馆附近街区发生火情，负责安保的武装直升机空临现场勘察。

•**图2**：空临救灾现场的摄影记者，迅速回传灾情和救灾的第一手资料。

•**图3**：航空摄影，是记录和传播突发灾难新闻现场最好的视角和方式。在记录航空救灾现场时，主要是在关键时刻占到有利的拍摄位置。这是南京一处重点工程附近发生的车辆事故现场。

•**图4**：空军直升机部队执行抢险救生任务。

•**图5**：追随拍摄大型消防救援直升机进行泼水救火作业。

•**底图**：大兴安岭林区发生特大森林火灾，笔者乘直升机进入火场传回首都媒体的第一批灾情图片。

重大事件航摄准备

重大事件航摄：乘飞行器拍摄重要大事进行中的现场

只要认定是重要事件，就有必要以记录历史的责任感投入航摄。重要事件与突发事件不同的是，对于许多将要发生的重大事件是可以预知的。因此，重要事件的航摄应该是有备而来。

航摄内容的准备

进入飞行程序前，应该按照航摄任务的主题及质量要求拟定详尽的航摄计划，避免在某些环节出现疏漏铸成大错。确定重点地标和标志性景物，熟悉周边地域的地理地貌，了解目标地域、空域特点。预先与飞行员反复协同推演，根据光线、季节、时间、气象等因素，确定进入角度、盘旋次数、航行速度、临空高度、拍摄距离等飞行诸元素，并进行模拟演练。

▼ 图1

装备器材的准备

在执行重要航摄任务时，可以携带装有广角和长焦镜头的相机两部。广角镜头用来概括现场全貌，长焦镜头抓取局部或特写。既可避免空中交换镜头的不便，又可加大相机信息储存量。根据天气亮度确定感光度，一般白天可以用ISO 800；开启快门连动马达调至最快；使用自动白平衡；选用评价测光模式；开启跟踪聚焦系统；使用AV光圈优先程序；将光圈开大，快门速度相应提高到1/2000秒以上；画质确定为RAW+S档。

▼ 图2

▲ 图3

图片说明

•**图1**：2015年9月，天安门广场举行盛大阅兵仪式，纪念反法西斯战争胜利70周年，笔者乘坐阅兵空中梯队直升机，透过舷窗玻璃进行航摄，因透视效果差，影像效果不尽如人意。

•**图2**：2006年9月，为纪念奔驰车来华100周年，一支由100辆奔驰车组成的车队从欧洲出发。笔者乘直升机在空中等待三个小时，航摄车队经过居庸关长城进入北京。

•**图3**：2011年8月，中航工业举办首届天津直升机博览会，吸引成千上万观众。

•**图4**：2009年4月，中国海军在黄海举行盛大国际海上阅舰式，纪念中国海军建立60周年。

•**图5**：1989年，中国海军在南海海域举行大型海上演习。

▲ 图4

▶ 图5

依法航摄调查取证

依法航摄调查：获得客观事实俯视影像依据的过程

随着航空事业的发展，发挥空天摄影的优势完成调查取证工作，已经广泛用于刑事案件、民事纠纷、舆论监督、事件记录等诸多领域，成为最具权威性的固化证据和形象依据的来源。

航摄取证的权限

动用飞行器进行航空调查取证，从技术上讲已经不存在任何难度。需要指出的是，必须具有公安、检察院等单位的调查取证权和飞行管制部门的空域使用权。对于社会不良现象的“立此存照”和环境污染的舆论监督，则是航空摄影单位和个人出于社会责任的自愿行为，可以进行有计划或即兴发现地航摄记录。

优势劣势的对比

对于火灾地震、水患污染、沉船坠机等大面积的灾难环境，航摄取证有其巨大的优势，会把地域特点和事发中心刻画得一览无余。但是也有不可忽视的局限性，主要是隐蔽性差。在事发现场任何飞行器都会暴露在众目睽睽之下，除了起到震慑作用外，飞行器的出现会产生暴露航摄意图、干扰破坏现场气氛的副作用。

典型佐证的力度

航空取证不是进入现场盲目扫摄的机械程序，应该有严格的画面内容和技术标准要求。必须具备清晰地呈现现场、完整地再现事实的影像，才能成为具有说服力的权威佐证。重要性就在于是否准确地再现了现场的真实情景。所以，不修饰、不渲染成为航摄取证的原则。

航摄现场的概全

航摄取证应该获取立体的、深入的调查影像。这就要求临空前有策划预案，航摄时有实施章法。对于高度、角度、光线要有针对表现力的现场最佳调度；对于现场景别要有中、近、远的框取意识；对于事发核心景物要有全方位准确透视章法，才能最终完成一个系统、全面的整体影像报告。

▼ 图1

▲ 图2

图片说明

•**图1**：追踪一辆运输渣土的卡车，看看它拉的是啥玩意儿？

•**图2**：矿山的私挖乱采在航空视角中被记录在案。

•**图3**：一段古长城被人为破坏的惨状。

▶ 图3

备忘历史变迁标志

地物变迁标志：留下将会被改变的典型地物的航空影像

随着经济开发的进程和自然灾害的频发，自然环境和人文地物的损毁速度和程度真可谓惊心动魄。在这个过程中，留下现在的影像，就是留下了历史的见证和记忆，而空天摄影就具有绝对的俯视概括记录优势。

俯视视角的优势

空天摄影，以其高空俯瞰和机动视角优势，成为记录大面积地表景物变化的最佳方式。它可以用航空器的自由占位变化，提供摄影方案中罗列的角度、高度的视觉要求。

▲ 图1

空天视界的覆盖

具有航空优势的地物纪实拍摄，既要大面积景物的地毯式扫描铺摄，做到不留死角、不缺内容，又要对重点景物进行全方位的认真补摄，做到不缺立面、不少角度。真正做到既分高度层面，又分角度方向的全方位立体关照。

影像纪实的真实

记录地物是以纪实为前提的档案影像再现，不应过于发挥影像艺术创作的光影表现技法。应以真实为原则、清晰为尚品、完整为标准、面面俱到为诉求。因此，不需要大斜角的明暗对比和浓墨重彩的色彩渲染，只需要散射光或平射光的全面记录。

▶ 图2

▲ 图3

图片说明

•**图1**：2009年10月，正在建设中的北京中央商务区核心地段。

•**图2**：2015年9月航摄的阅兵空中国旗梯队飞经北京中央商务区的情景，如今那里已经是另一番模样。

•**图3**：1992年6月海军航空兵强击机编队首次飞过正在建设中的山东蓬莱阁景区。

•**图4**：1996年11月，笔者乘民航班机航摄的第一届中国航展(珠海)时的地面建设情况。

•**图5**：怀旧的咖啡色调中，一抹彩色强调了主体人物的存在，给人们留下"恰同学少年"的影像记忆的岁月穿越感。

•**图6**：2007年10月，刚刚完成主体建筑工程施工的北京奥运主场馆"鸟巢"。

▶ 图4

▼ 图5

▼ 图6

聚焦环境警示物证

环境警示物证：生态环境被破坏的现场典型影像证据

近年来，为减少环境污染和生态破坏，空天摄影开始履行对资源保护和污染防治等环境保护工作实施监督的使命。航空摄影，可以从空中迅速获取生态环境现状最具权威的直观影像。在此，我们呼吁每个有机会从空中俯瞰大地的空天摄影师，应该抱着对社会负责的态度，成为拯救地球的志愿者，环境保护的眼睛。

监测环境的责任

监测生态环境，不等于记录自然环境。这是一项主题思想明确的航摄内容，摄影师必须有明确的是非观念。它应该有两方面：环境保护状况和环境破坏状况。在国家经济建设发展的重要阶段，环境保护问题非常突出。记录环境综合治理的典范和发现破坏环境的情况，是环境监测的两大功能。

环境保护的监督

用空天视角发现那些暴露在光天化日下有悖于社会公德的污染、盗挖、损毁等触目惊心的场面，并用航空摄影记录下来，传达给受众和有关职能部门，是航空环境监测的职责。为的是保护和改善环境，防治污染和其他公害，让人们得到来自空中的真诚奉告。

环境保护的褒奖

环境美是人类遵循美的规律所展开的创造性活动的结果，环境美包括山川草木气候风物等自然环境的美和社会风俗、社会环境的美。把那些赏心悦目的环境美用航空影像描绘出来，在展现环境优美的同时，以相应的内涵使人在审美中领略到一定的环境保护信息，这是对保护和改善环境做出努力的人们最具说服力的褒奖。

▼ 图1

▼ 图2

▲ 图3

图片说明

•**图1**：急功近利的人们不顾生存环境，为了建筑取沙，把美好的湖泊破坏成这种惨状，把好好的湿地破坏得一片狼藉。

•**图2**：河北境内遍布着许多大小水泥厂，肆无忌惮地向空中大量排放工业热源和烟尘，这里是工业与农业争地的集中表现。

•**图3**：广西历经千年形成的喀斯特地貌岩溶山丘，被“现代愚公”们一座座地挖掉。

•**图4**：过度开发正破坏着我们的生态环境，鲁南地区的一处古迹竟然被挖成孤岛。

•**图5**：沙化和盐碱吞噬着绿色植被，严峻的环境恶化状况触目惊心。

▲ 图4

▶ 图5

太空新闻摄影要点

太空新闻摄影：航天员在太空和外星记录传播的影像

在轨道航行的太空舱，航天员走出舱外，在广阔的远空或地球以外的天体地表进行的影像收集和传播操作，应归于新闻摄影记者的业务属性。当下，航天员已经具备了完成摄影记者使命的装备技术支持，开始用手持摄影机截留太空现场情境。接下来的重心就是如何充分利用现有装备，拍摄承载着新闻信息和感染力的太空影像。

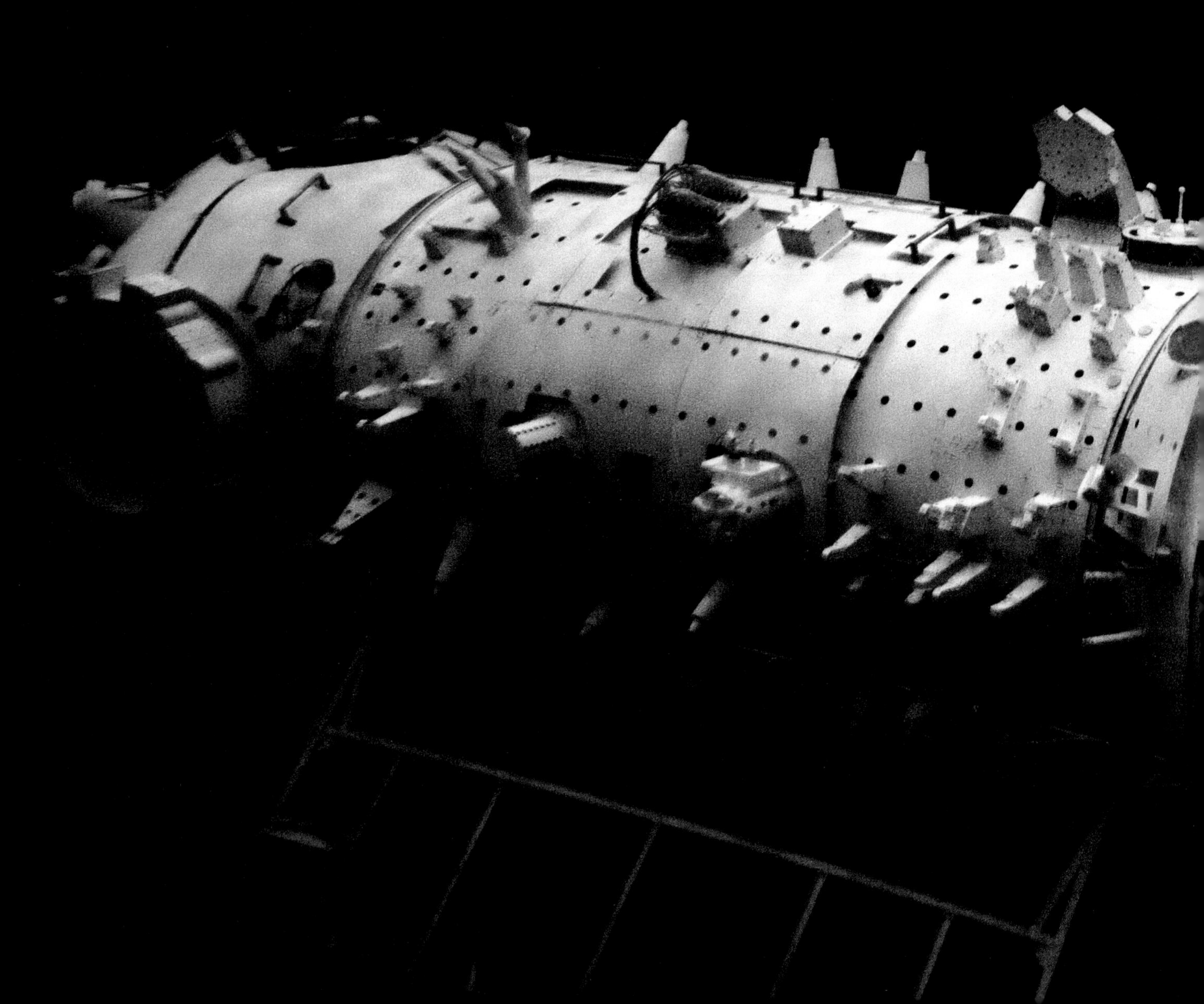

太空新闻摄影的原则

太空摄影，是以画面影像为主要表现形式，对太空新闻现场情景有选择的摄影纪实。基本要求是：集新闻性、思想性、真实性、时效性和形象性于一体。不虚构、不粉饰、不夸张，目的在于将新闻主体的情感浓缩在画面之中，表现一个真实的情境，给人以简洁的、震撼的“一图胜千言”的效果。

新闻与艺术间的区别

认为太空摄影既是新闻报道又是艺术创作的观点是不准确的。因为，艺术摄影以画面均衡完美为标准，可以随意调动变形、夸张、粉饰、雕琢等一切技艺手段，对物象进行创造性渲染。而新闻摄影则要求准确记述太空发生、发现的事实，以求新、求真、求活、求情、求意为标准，真实再现典型事件、典型形象、典型瞬间。因此太空影像不应用艺术标准求全责备，不能为了追求效果而有损于纪实原貌。

太空摄影内容的提示

太空环境是人类陌生的，所有的环节都是大家渴求的新闻影像，全靠航天员全方位的记叙和介绍。笔者根据近地航空摄影经验，提出一些太空摄影内容的设想，供有机会进入太空的航天员参考：拍摄太空天体及景物特殊的相对运动过程；奇异的天象畸变现象；航天员在太空的行走工作场面；航天员在太空舱里的生活细节，等等。在表现形式上应该特别强调：航天员与环境景物的关系；太空舱与地球及外天体的关系；地球与外天体的地理地貌细节分析；各种光线下宇宙天体的光影效果；宇宙环境的特殊风貌描绘，等等。

第三章

Chapter 3

空天动态航摄

空天动态航摄的学科定义

空天动态航摄：在广阔的空域中，机载摄影机随航空、航天器的机动变化或被摄物体位置的移动变化以及机动位置与被摄移动物体的相互变化中，获取影像的实操过程。

摄影师乘坐在飞行器里，眼前的所有景物都在运动，这会使摄影师在视觉乱象中导致思维的紊乱，而茫然失措。下面我们分析空中动态视觉中，如何准确地发现和认定被摄景物主体的操作章法。

固定目标的锁定

摄影师寻找固定在某个位置的物体是相对容易的。因为起飞前飞行员已经针对被摄区域，对航线航向进行了设置。接近目标时，摄影师应该要求驾驶员从相对高处临空，以便用高角度俯视发现目标景物的确切位置，然后下降至适当高度观察分析其主体部分。

乱中目标的发现

在混乱的地域环境中寻找确定的地标景物，必须做好预前准备，把主体结构和功能尽量搞清楚，脑子里有一个相对清晰的形状轮廓，无论周围环境如何复杂混乱，带着对主体景物的主观印象最终都会找到。当摄影师感到困难时，一定要寻求飞行员的帮助，他们搜索的本事比我们大。

移动目标的跟踪

当认定的目标是移动物体，就应快速跟踪锁定。当目标主体混杂在多个移动物体中，不能总是把眼睛套在取景器里，应该采取目力发现和镜头框取双重观察方式，眼睛时常脱离相机取景器，扩大搜索观察范围，判断目标的移动轨迹后再进行镜头跟踪聚焦分析。

暗光目标的识别

在暗光中任何物体只呈现轮廓，没有任何细节，会变得陌生而识别困难。面对这些暗影中的模糊影像，摄影师应该用肉眼对主体部分进行辨识，然后用相机的高感曝光把它剥离出来。在允许的情况下，摄影师应该在白天对实地进行观察，然后带着主体轮廓印象，再在夜间寻找弱光中的主体景物就容易多了。

▼ 图1

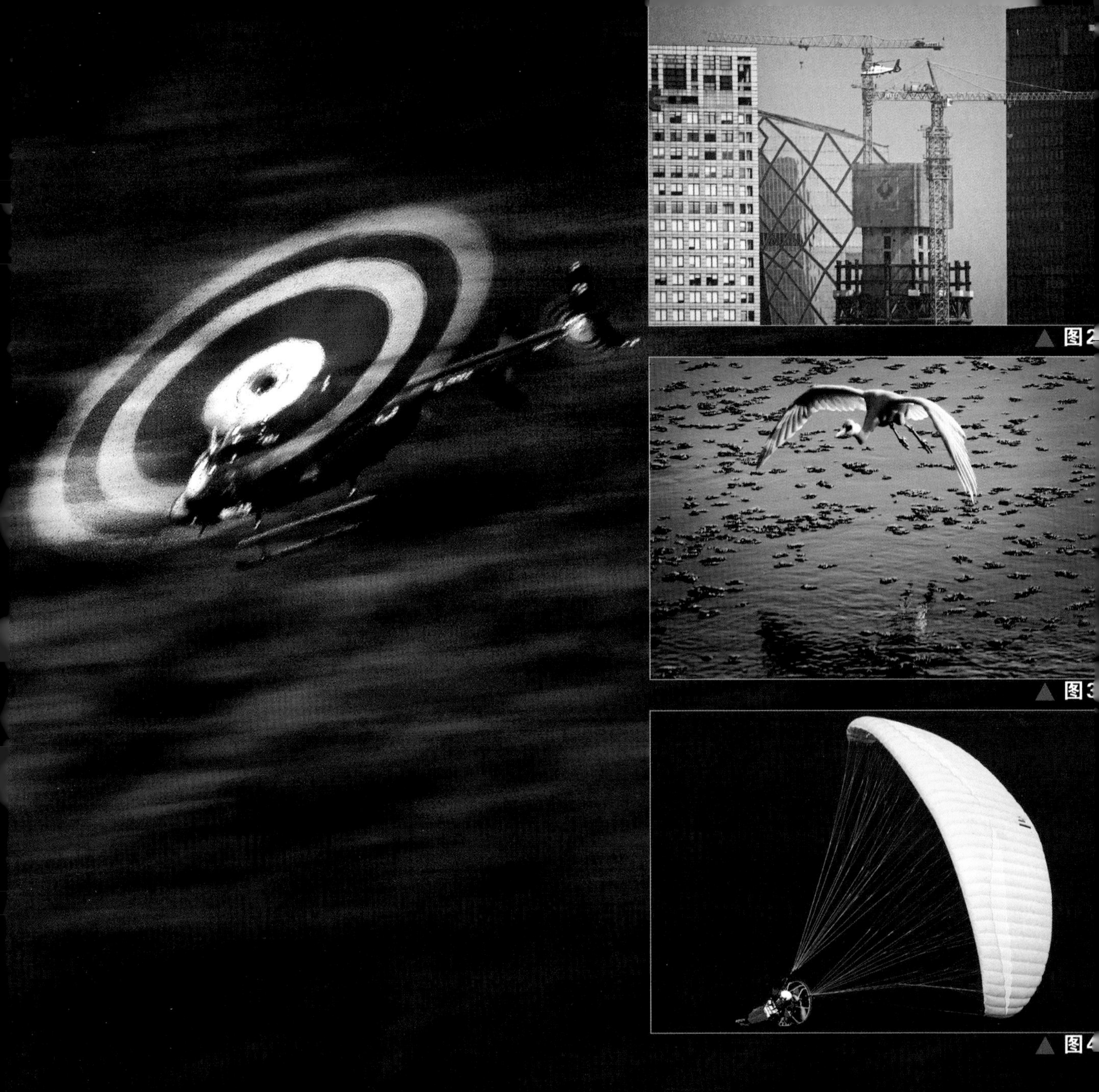

图2

图3

图4

图片说明

•**图1**：在超低空与渔船交错的瞬间，需要快速的反应和敏捷的身手。把焦点预设对海，把快门设在最高1/8000秒捕捉抓拍。

•**图2**：在混乱的景物中发现锁定航行在其中的直升机。

•**图3**：在航摄飞行中，摄影师用镜头迅速锁定了这只正在扑食的野鸭。

•**图4**：在空中跟踪机动滑翔伞比赛，摄影师锁定跟踪航摄26号伞的空中状态。

•**底图**：飞行中，发现远处一架直升机在巡航，摄影师用慢速快门跟踪拍摄。

快速聚焦定格目标

聚焦定格目标：在飞行中迅速发现拍下目标景物

空天摄影是抢速度的影像记录过程，应该以快速高效为前提。在高速运动中发现目标，在极短的瞬间中截取影像，是以成像分辨率和清晰度为基本质量标准。为适应这种高效快捷的操作要求，笔者在航摄实践过程中总结出一套简便易行的操作程序。

主副双机的快换

为了不误时机快速操作，航摄一般用主、副两部相机。分别装16mm至35mm广角变焦镜头和100mm至400mm长焦变焦镜头，以便关键时刻能够快速更换所需镜头焦段。

四快一沉的快凝

快速凝结目标的四快：端起相机要快，发现目标要快，跟踪目标要，框取景别要快。关键的一沉：聚焦目标要沉。就是关键时刻要沉着的确认精确聚焦，做到万无一失。

一点多联的快摄

一点，就是把镜头对准被摄景物的兴趣点或视觉中心点。多联，就是围绕中心点周围较大范围的立面，可用包容拍摄法，用多幅照片连接成大场面的环境场景。

一扫二补的快摇

一扫，就是对重要目标及周围环境进行快速扫描式摇动拍摄，以占有大幅面环境的横面或立面资料。但是，这种快速拍摄必须避免草率。二补，如果快速扫摄后还有时间或机会，就应该沉下心来，进行细微的局部点摄和补摄，以确保航摄目标准确和大幅面的资料完整。

▼ 图1

▼ 图2

图片说明

•**图1**：中国第4代先进战机歼20飞行速度是惊人的，摄影师用单点对焦、跟踪伺服模式，在飞机进入摄程按动快门跟踪连续拍摄。

•**图2**：突然发现一架民航客机钻出云层，下降准备落地，摄影师快速把它聚焦定格于地空之间。

•**图3**：直升机以200公里航速、50米超低空飞掠坦克训练场，飞机与坦克相对运动角速很快，为让坦克定格摄影师用了1/4000秒快门速度。

•**图4**：在航摄飞机和军舰编队的相对运动中，应该把规则运动的被摄主体框取在中心点并尽量充满画面，跟踪其方向轨迹进行拍摄。

▲ **图3**

▼ **图4**

快速抓拍乱动目标

抓拍乱动目标：追踪定格无规则的自由移动被摄物

对于空天摄影而言，凡是无序运动的动物、景物和飞行物统归为乱动目标。对摄影师而言，飞行中发现、捕捉、锁定、定格乱动目标主体难度是很大的。对空天影像而言，清晰地凝结定格乱动目标是最基本的要求。

快动目标的锁定

面对空中现场无规则移动的目标，敏感的视觉和快速的身手是航空摄影师的基本素质要求。而快速发现目标、瞬间锁定目标、持续跟踪目标、成功聚焦定格，这个系列操作则是空天摄影师的看家本领和特有功力。

慢动目标的动效

把缓慢运动的物体拍出动感，需要空天摄影的综合技艺，可以参考本教程的有关章节，加强对动态物体影像凝结的娴熟把握、快门速度的技术掌控、物体运动的表现技艺，才能较好地把移动速度较为缓慢的目标主体的动感状态凸显出来。

主体目标的放大

其实，只要开大镜头视野范围，把混乱的目标包揽并定格在其间并不是难事。难的是：突出主题、凸显主体、达到视觉冲击力和动态表现力的专业要求。因此首先需要辨识和确认目标主体，让主体放大直至充满画面。这就需要用飞行器靠近目标，或用长焦镜头远距调取等技术手段，使运动物体在画面中的比重加大，这同时也加大了航摄操作的难度系数。

多批目标的秩序

乱动目标的最大特点是无规则、无秩序，要想把它们定格在画面中恰到好处的位置上，靠的是摄影师在瞬间处理多点目标的能力。首先要确认物体性质和走向，迅速梳理出它们之间的主次关系和运动规律。再乱的场面也要确立目标主体，同时用肉眼余光兼顾扫描周围运动目标的情况，并以中心视点形成最终以点带面的画面结构。

图1

图片说明

•**图1**：运动型飞机特技飞行是最难拍的乱飞目标，用长焦镜头满画面框取飞机，在眼花缭乱的特技飞行表演中寻找合成画面，更增加了拍摄难度。

•**图2**：野鸭伴着点状的水面光斑无规则地起飞，抓拍这个瞬间难度很大。

•**图3**：在喧闹而混乱的泳池里寻找相对的秩序，需要摄影师具有厚实的俯视抓拍能力。

•**底图**：战机战术飞行变化多端，只要摄影师乘坐的航摄工作飞机与被摄战机保持等速、等距、编队飞行，用低速快门跟踪航摄超低空高速飞行中的战机战术动作并不困难。

▼ 图2

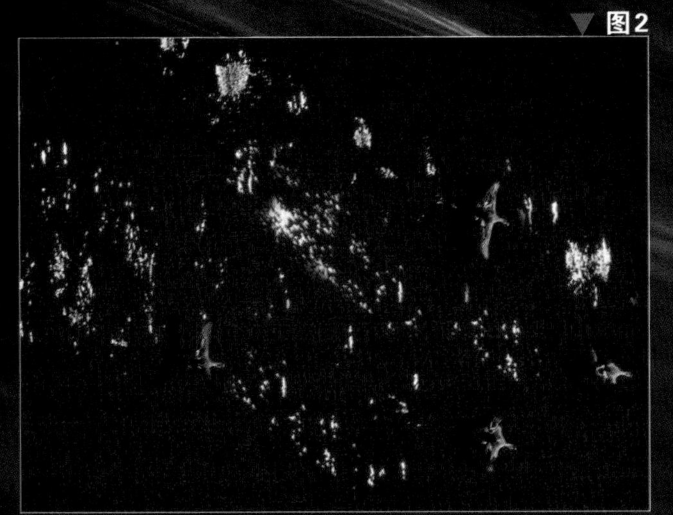

▼ 图3

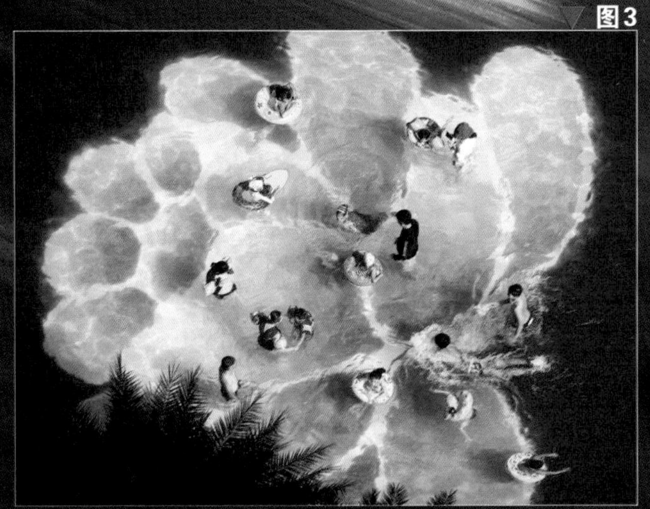

强化运动速度表征

运动速度表征：物体移动快慢的视觉效果

空天摄影，是聚焦运动物体或运动中定格物体的影像操作。速度，是运动物体在单位时间内通过的路程，是表示物体运动快慢的视觉量化。如何描述和体现物体运动的快慢，就是通过影像视觉效果呈现速度物理量的大小，让观者通过对画面的浏览能够感觉速度的快慢。

物体相对运动的表征

速度的表征是借助物体相对运动来表现的，物体相对运动的参照决定速度表征的凸凹。主体与参照物体间的距离，是动感形象视觉效果生成的基本要素。这是星体、飞船、宇宙探测器在超高速运动中，因为没有与之反衬的物体参照，造成视觉上无法辨识速度感存在的原因，也是飞行器掠地飞行产生速度感的解释。

动感惯性思维的作用

人类对物体运动有一种思维定式，对某些物体在特定环境中会产生运动联想。也就是：只要飞机在空中，汽车在路上，鱼儿在水里……即便主体被凝结定格在画面中，人们的视觉习惯仍然引导大家产生运动的惯性思维和视觉联想。

凸显速度视效的因素

物体运动速度的形象表现，是通过四个要素凸显的：1.运动与静止之间的对比；2.平衡与倾斜角度的变化；3.物体运动产生的后掠划线的衬托；4.物体的间隔距离产生的相对运动视效。

凸显速度视效的因素

削弱物体动感的做法是：1.运用高速快门将运动物体瞬间凝结定格，失去动与静的对比。2.把运动中失衡状态的主体下意识找平，让被摄主体始终处在四平八稳的态势中。3.扩展运动物体之间的距离，削弱交错冲撞感的视觉效果。

图片说明

- **图1**: 主体倾斜的姿态、拖曳的线条、虚实对比的画面要素，充分凸显出动感视效。
- **图2**: 虚实对比中，主体的动感被强化。
- **底图**: 虽然画面中的主体是凝固的，但是两辆动车交叉的动静反差产生了强烈的动感视效。

▼ 图1

▼ 图2

强化飞行失态动作

飞行失态动作：飞行器失去平衡的高难预设飞行状态

拍摄高难特技飞行时，摄影师运用摄影技巧和艺术夸张，凸显飞行器机动变化中机体结构出现的瞬间状态，颠覆视觉平衡习惯，渲染失去常态形成的特殊造型，加强影像的视觉冲击力效果，以展示飞行器的优越性能和飞行员的操控水平。

飞行失态的机动

飞行器在进行使命科目飞行时，都会出现程度不同的失态，带来千变万化的机体结构立面变化，这些瞬间形成的影像具有绝对的唯一性。其机动角度变化越大，其形象表现力度就越突出。所以，航空器摄影的形象冲击力基础，建立在高难度飞行中飞机失衡变化程度之上。

摄影失态的记录

应该在被摄主体失态飞行的机动变化中，发现高难和高潮部分，捕捉最为奇特的状态，截留下难以察觉的陌生景象。摄影师除了记录飞行角度带来的机体结构变化，还应把飞行器与天空融为一体，用线条造型、光影造型、天象背景等诸多艺术元素，达到烘托气势的艺术效果。

制作失态的渲染

后期制作是强调飞行器失态，形成视觉冲击的关键。尽量剪裁掉没有表现力的空白面积，尽量让主体充满画面。通过剪裁加大或减小飞机的迎角角度，让主体线条与画面底边形成一定的角度差，以凸显或减弱飞行器的失衡程度。

视觉空难的超限

真实性是航空摄影的生命线，摄影师在渲染和夸张飞行器失态效果时，要了解战斗机、民航机、直升机、热气球等各种不同飞行器的性能极限。可以挑战人们的视觉习惯，一旦超出限度，就会造成“视觉空难”。比如：战斗机的飞行角度变化360度无所不能；民航机的飞行平衡度有一定的限制；而热气球、飞艇等漂浮飞行器就只能是四平八稳。

图片说明

•**图1**：飞机在进行特技飞行出现姿态剧烈变化时，也是摄影师实现冲击效果的最佳瞬间。

•**图2**：战机在做高难战术飞行过程中失去平衡状态，飞机姿态在极限角度中出现视觉冲击效果。

•**图3**：抓住战机躯干出现线体角度变化瞬间，表现飞行的状态变化在高难特技试飞中的高潮部分，表现战机失去平衡时出现的视觉冲击力。

•**底图**：利用天地高速机动形态出现的失衡场面，强调协同难度强化视觉动感。

▲ 图1

▲ 图2

▲ 图3

强化视觉断裂视像

视觉断裂视像：破坏自然界正常秩序的跳跃性状态

自然界的景物大都有着和谐、对称和连续的视觉规律性。而航空摄影师在布局影像框架结构时，总会发现其中的不和谐、不对称的型构。因为这些非常规性的视觉断裂式建构，蕴藏着刺激视觉神经的张力、跳跃和变异特质。

线性构成的突变

视觉断裂在画面线性构成中，由偶发的点、偶发的线偶然碰撞形成突发性的面组成，具有跳跃感、爆发感、激情感、奇妙感，这些正是航空影像的构成要素别于其他形象艺术门类的独特魅力。

偶发断裂的冲击

初涉航空的摄影师，往往沿袭平面影像艺术的教范要求，习惯于寻找对称和连续的构图要素，以形成和谐、稳定的画面。其实，过于均衡、整齐会使人们感觉单调乏味，恰恰是那些偏离模式化教范样本的断裂式架构形成的视觉冲击力，会给读者带来观赏特点。

视觉跳跃的张力

从追寻视觉和谐到凸显视觉断裂，是摄影师从广义表现向个性提炼的进步。这就是破坏具有秩序感和连续性的视觉和谐，寻找偶发的、冲撞的、无序多变的点、线构成，凸显视觉断裂的张力，形成强烈的，充满陌生感的视觉冲击力。

断裂瞬间的抓取

对于航摄而言，视觉断裂是飞行中摄影师眼前移动物体的偶然组合，或者是飞行中摄影师眼前景物移动的偶然发现，两者都具有偶然迸发的特性。这就要求摄影师在发现和选择视觉断裂影像时，瞬间调动全部的技艺能力，进入“冲锋式”航摄状态。

图1

图2

图3

图片说明

•**图1**：海面上一叶轻舟冲破怒海浪涛的瞬间，形成视觉断裂式折线构成，出现剧烈的跳跃感、急促感。

•**图2**：倾斜的、不完整的机体形成强烈的触目感、动荡感。

•**图3**：武直10战机在复杂气象条件中，冲破浓集云拉开架势进行对地攻击，摄影师用1/5秒的极慢速快门斜向追摄，出现了这幅充满动势、撕裂视觉的影像。

•**底图**：“飞豹”战机在雅鲁藏布江峡谷的断崖中加力跃升，给观者以视觉断裂的刺激。

强化物体失衡动势

物体失衡动势：移动物体失去平衡状态产生的动感视效

初涉航空的摄影师，由于空中运动和悬浮晃动，会出现惶恐不安的心理和生理反应，从而本能地调动地面形成的原始拍摄意识，刻意运用摄影技巧和器材功能，力求画面的平稳感和平衡度。岂不知，四平八稳的图像弱化了航空动势魅力。

强调地平的角度

天地线是航空影像平稳与否的关键。它横在画面中的水平角度，给人最直观的平衡感。平直则稳定，倾斜则失衡。凸显还是削减这种失衡效果，是对摄影师审美观的考量。

飞行物体的倾斜

斜线是营造动势的基础，飞行器的线性结构在画面中形成的角度大小是营造动势的关键。摄影师可以任意倾斜相机，拍摄飞机的大小飞行迎角，以表现飞机的失衡飞行状态。

地平线性的角差

画面的基准线是图像的框边。在没有地标景物确定平衡标准的画面中，所有构成元素与图像框边形成的角度，都会影响观者对飞行状态的判断，角度越大动势越强。有经验的摄影师会凸显这个角度差，以强化空天影像特有的凌空形象特点。

空间透视的开阔

高度改变了人们的瞭望习惯，高度使视线角度向纵深延伸，向四周括揽。地表景物形成的远近排列和发散辐射，强调着视觉的空间感、纵深感和开阔性，成为空天视觉失衡动势的基础要素。

▼ 图1

▼ 图2

图片说明

•**图1**：故意让相机带着角度拍摄，飞机钢架结构与画面框架出现的角度差，使飞机失去平稳感，而凸显了飞机前冲的动势。

•**图2**：长焦镜头拉近了两架直升机距离透视，倾斜的姿态加上桨叶线条的混乱交叉，使飞行出现失衡状态，产生较强的动势效果。

•**图3**：俯视新疆大地的地表结构，呈现的不规则辐射线条透视，给读者以不稳定的视觉失衡动感。

•**图4**：火车与航摄飞机高速交错的瞬间，摄影师状态失常，造成影像中地物影像严重失衡，这种构图失败却凸显了画面的动势表现力。

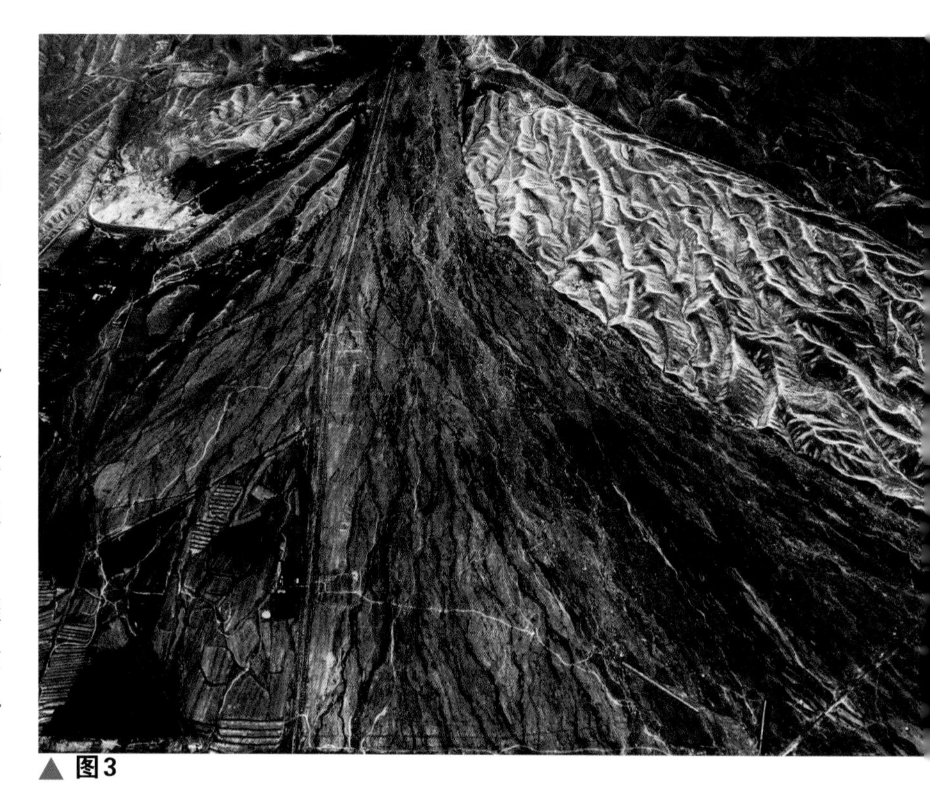

▲ 图3

▼ 图4

强化视觉力动方向

视觉力动方向：物体表面呈现出的动源趋势

空天视觉力动表象以平势、斜势和旋转势三种力的样式呈现，也正是通过这三种动势展现出来。摄影师应该在机动中，认真观察景物力动的变化和走势，分析景物的动源方向，以寻求空天影像视觉效果的表现力。

力动走势的形向

动力给物体赋予了内在的力量，无论是汽车、动物还是大地、河川，其构成元素都会表现出一种力动方向，并且在相互冲突、对峙、撞击、转换、渗透中形成视觉节率。摄影师应该把力动表现的元素，从大千世界繁杂的表象中剥离出来，在脑中形成一个明晰的动向矢量图，以发现景物之间内在的抽象力动结构的形向关系，提炼空天影像的动态节奏和秩序。

物体定向的强调

在遥摄实践中，摄影师如何把握力动方向的视觉特性呢？笔者的做法是：遇到影像元素呈平势力动走向时，笔者会强调景物主体的动态方位，以凸显其视觉冲击力定向；遇到主体影像呈斜势力动走向时，笔者会强调物体的倾斜角度，最大力度地展现主体的动感效果；遇到主体景物呈旋转力动态势时，笔者会强调物体盘旋运动的瞬间特异变化，寻求力动视觉效果的陌生感和感染力。

斜势元素的动比

力动特异构成来自镜头中现场景物的线构和运动物体的态势，这些因素给景物赋予程度不同的动感。特别是两个以上物体的相互运动，会使现场景物的力动分配纵横交错变化万端。人们的视觉力动感觉在物体形状的不动感、半动感和极动感的动态程度对比中，相互依存又相互烘托。力动方向越复杂，张力表象越明显，力动扭曲越强烈，动感就会越表象化。

▼ 图1

图2

图片说明

•**图1**：奔腾的快艇，喷射的尾迹，快速韵律中带着明晰的力动方向。

•**图2**：空中俯瞰，白雪强调了黄土高原复合构成的丘陵地貌图形特征，像一幅草书眉飞色舞的画面，充满流动的方向感。

•**底图**：直升机运动的力动方向，增强了画面的动态表现力。

处置惯性超动状态

惯性超动状态:飞行器停止加速后向原方向的漂移

这种产生自飞行器动力停止或转向瞬间的惯性运动，是航摄飞行经常遇到的非正常“漂移”状态。特别是乘各种战机进行飞行表演和战术飞行，其惯性超动幅度很大。了解和熟悉它的特性，避免这种失控在影像获取过程中造成的各种危害，是航空摄影的重要基本功。

惯性超动的飘移

惯性超动产生在飞机停止或改变动力方向，出现侧动力或反动力，飞行器不会立即反应，而是在反动力推动下出现瞬间漂移现象，其能量取决于前进动力中产生的惯性力。飞行速度越快、反方向拉动力越大，产生的惯性超动幅度越剧烈。

漂移状态的反应

惯性超动漂移现象，在正常飞行转向中颇具规律性，有经验的摄影师在出现前会有预感。而在超常规、大动作量、高速机动飞行中突然出现这种物理现象，特别是上下的惯性超动，就会使摄影师产生剧烈的生理反应，甚至会出现超重和黑视现象。

危险状态的规避

这种在转向瞬间出现的失控状态，尽管时间短暂却充满了危险因素。因为，摄影师只顾画面效果不顾飞行安全，随意发布指令干预飞行，造成飞行器漂移失控，是导致航摄事故发生的重要因素。因此，飞行在恶劣气象和复杂环境中，摄影师应有充分的思想准备和安全保障，并尽量减少即兴的飞行航线调度。

失控漂移的特效

超动状态的出现对于活动画面的摄录来说，是可以合理运用的特殊运动轨迹。它可以获得一种漂移视觉效果，避免镜头方向改变时出现生硬的间断性的卡顿感，使观者在方向的转换中出现一定的视觉缓冲，保持画面的稳定性和连续性。

▼ 图1

▲ 图2

图片说明

•**图1**: 超低空高速飞行容易发生惯性超动失控。

•**图2**: 越是简单的飞行器制动功能越差，动力滑翔伞惯性超动状态出现的概率较高。

•**图3**: 超低空飞行在闹市区，要提醒飞行员注意高度和速度，随时注意突然转向造成惯性超动瞬间的危害。

•**图4**: 歼击机战术机动飞行中发生惯性超动的概率很高。

•**图5**: 编队飞行中突然地转向，会出现超动漂移运动险情。

▶ 图3

▼ 图4

▼ 图5

判断地物平衡基准

地物平衡基准：框取地物时强调稳定的视觉效果

任何违反地平基准的构图，都会造成天地倾覆的视觉畸变，这是影像记录的原则。然而在机动飞行中摄影师往往被搞得天旋地转，拍出的照片也是天地倾覆失态失衡。因此，不管飞行器是俯是仰、是侧是翻，始终保持镜头中的地物平衡是空天摄影应该具备的硬功夫。

飞机平衡的保持

在进行空对地、空对空航摄时，摄影师应该按预定航线，要求飞机在主要地标上空保持平稳飞行，以减少航摄难度，更好地把握地平基准，拍出具有稳定感的地物照片。

身体平衡的保持

许多情况下，飞行器在盘旋飞行中不稳定状态是难免的。飞行机动状态造成坐姿别扭、身体扭曲，会在镜头取景时失去稳定感。这就需要摄影师随机调整姿态保持身体平衡，抵消在颠簸和晃动中的身体失衡。

视觉平衡的保持

在天旋地转的机动飞行变化中，首先影响的是摄影师的视觉平衡。摄影师镜头感和方向感消失后，肉眼观察随即出现偏差和畸变。此刻，应该积极对抗飞行状态的困扰，摆脱惯性造成的视觉恍惚，闭目养神或举目远眺，尽快恢复正常的视觉意识，找回景物的地平基准。

心态平衡的保持

其实，摄影师因飞行机动变化产生镜头感尽失的原因，来自心态失衡，多半出自心理恐惧造成的不知所措。此刻应该让眼睛暂时离开取景器，深呼吸并向远处瞭望，片刻之间收紧的心情就会舒缓下来，心态平衡了镜头感随之回归。不管怎么转、怎么飘，只要镜头中地平基准参照是明确的，拍出的地物照片就会是四平八稳的。

图1

图2

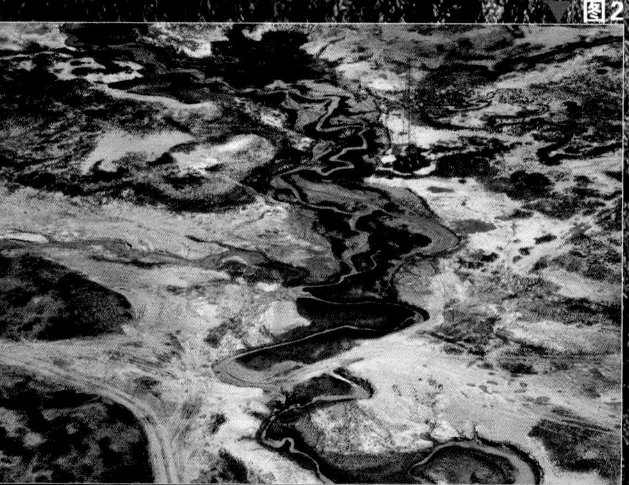

图片说明

•**图1**："天下第一城"横平竖直的构图给人视觉的稳定感。

•**图2**：虽然画面中的线形走向是倾斜的、无序的，但是混乱的纹络大致对称地出现，按照人们对地平基准的感觉，仍能得到平稳的视像。

•**图3**：虽然画面中没有地平线，但是附近环境的建筑、人物给了画面明确的地平参照。

•**图4**：虽然海面水流形成的纹路是混乱的，但是养殖基地的建筑物为基准确定了地物平横。

•**底图**：虽然南海小岛是圆形的似乎没有地平基准，但是岛上的一切景物都是标定着视觉平衡。

▼图3

▼图4

慢门跟摄移动目标

跟摄移动目标：用慢速快门跟踪航摄运动中的物体

这是空天摄影常用的一种摄影技法，就是有意将快门速度降至1/30秒以下，跟踪聚焦运动物体，在相机快门开启的瞬间，让镜头移动与被摄主体运动方向和速度保持一致，使运动中的主体清晰定格，前后左右的景物虚化成线条，达到突出主体夸张动势的视觉效果。

慢门追摄的特点

首先，判断运动物体的轨迹走向。然后，把焦点聚于被摄主体。摄影师要保持松弛状态挥动相机，在取景器中心点和运动物体等速移动中按下连动快门。用飞机跟踪航摄也是如此，只要把工作飞机调整到与被摄移动物体同向等速，它们之间等于相对静止，用很低的快门速度就可凝结被摄主体。

▲图1

移动跟踪的难点

被摄体距离越近，航摄难度越大。相机快门速度越慢，拍摄难度越大。被摄主体移动速度小，跟踪航摄难度也小。镜头焦距越长，主体运动物拉得越近，航摄难度就越大。

追摄训练的要点

追随摄影是个技术熟练过程，摄影师应该从陆地追摄汽车、自行车等运动物体开始，通过渐进训练，锻炼和掌握运用极慢快门航摄的摇移幅度速度和技术要领，逐步缩短被摄运动物体的间距，从1/30秒开始，逐步降低快门速度，以达到预期的影像动感效果。

▶图2

图片说明

•**图1**：同框编队战机虚实结合产生动静对比的视觉效果。

•**图2**：摄影师用慢速快门跟踪拍摄武直10战机双机对飞特技飞行表演，取得了虚实结合的视觉效果。

•**图3**：在慢门追随拍摄技巧中，侧向跟拍难度较大，这是强击机飞机起飞时人为倾斜相机角度，用1/50秒横向追随拍摄驾驶舱局部，由于背后景物的虚化拉线，出现了很强的动感。

•**图4**：慢速跟踪拍摄最常用于飞机起飞和降落过程的拍摄，地面景物产生的后掠线加强了飞机的动感和速度感。

•**图5**：与高速行驶中的列车等速飞驰，用1/30秒慢速快门追摄主体的影像效果。

•**底图**：慢速快门追随航摄大型直升机灭火作业。

应对飞机颠簸晃动

飞机颠簸晃动：飞机遇到空中扰动气流造成的机体摇晃

扰动气流又称乱流或湍流，是指空气在有规律运动中包含的那些不规则运动。无论你乘何种飞行器进行航摄，总会遇到突然出现的颠簸，给摄影师心理带来恐惧，给身体带来不适。

航摄人员的影响

由于飞机颠簸、摇摆或旋转，强烈刺激人的前庭器官，会诱发摄影师急性晕机症状的发生：眩晕呕吐、视物模糊、血压下降甚至休克，部分或完全丧失航摄意志和能力。

航摄操作的影响

飞行中受乱流影响，随时可能发生剧烈颠簸，造成航向、航速、高度的变化甚至危及飞行安全。长时间的颠簸中，摄影师无法端稳相机，更无法取景观察，应索性停止摄影操作，专心对抗颠簸影响。剧烈的颠簸中，摄影师会出现忐忑不安甚至紧张害怕的心理。可以通过与机组人员对话联系、眺望远处等方式分散精力排解精神压力。

颠簸注意的事项

首先，要保护摄影器材安全。把相机、镜头等器材切实固定好，以避免撞击和脱落。保护人员安全，结好安全带，避免脱离座椅造成身体损伤。不去想严重后果，保持心态平静，避免过于紧张造成疲劳和焦躁。长时间剧烈颠簸出现头晕恶心身体反应时，应放弃取景观察，放松并活动四肢。

▲图1

▲图2

▶图3

图片说明

•**图1**：慢速快门跟踪拍摄舰载机在航母点舰训练的瞬间，可以看出飞机起落架接触甲板的瞬间，只有飞机座舱是清晰的，飞机整体结像是模糊的，说明飞机全身都在震动。

•**图2**：直升机在复杂地形中飞掠会产生强烈震动感和剧烈颠簸。

•**图3**：歼击机飞行中遇到颠簸，笔者会暂时把目光离开取景器，向前眺望以解除视觉疲劳，专心对付颠簸产生的生理反应。

•**底图**：高原山区复杂气象飞行会出现强烈的颠簸现象。

第四章 Chapter 4 空天远距摄影

空天远距摄影的学科定义

空天远距摄影：针对低空、中空、高空、远空、深空五个空间距离概念，涵盖航空摄影、航天摄影、宇航摄影、天体摄影、天文摄影五个不同空间概念的摄影技艺。“远距”是相对而言的物体间隔距离的表述，是摄影师对无限延伸的物理量化空间的目测估量，对景物之间相距位置的视觉感受，是通过镜头对前方能见范围远端的被摄景物进行的拍摄。

太空宇航摄影要点

太空宇航摄影：太空航行或驻留期间的影像截取

太空：大气层以外的广阔空间。宇航：宇航员乘坐航天飞机、宇宙飞船、空间实验站航渡或沿轨道航行。我们这里分析的太空宇航摄影是航天员乘坐航天器航行中的摄影。摄影师没有航天摄影的经历，只能结合参考资料和航空摄影的经验，给在天宫空间站长期驻留的航天员以摄影操作的要点提示。

舱内注重抓内容

对于航天员来说，不应该只限于做“人类的使者”，而应该肩负“人类的记者”的使命。因此，在空中所能观察到的全部事物都是影像记录的范围。关键是经过主观分析简化，把人们关注的内容滤出来记下传回。切忌流水账式的无重点记录、大场景概全的无焦点记述、啰唆的无限制重复，等等。

舱外注重抓局部

空间实验站和太空宇航舱对外摄影，是宇航员影像记录和摄影创作的重要领域。但是，太空中没有贴近地球表面的丰富影像资源，缓慢掠过的是变化速度慢、场景单一而平静的天体循环往复。这就需要航天员用广角镜头表现飞船与天体之间关系的同时，把长焦镜头推上前去，尽量选取星体地表的有趣的结构、有特点的色系、吸人眼球的局部，以及气象灾害、大气污染、地质变化等有价值的科学影像依据等。

夜间注重抓亮点

地球轨道的夜间一片黑暗，但地球的表面灯光灿烂。航天员若熟知世界地理，就会用镜头沿着灯光聚集的脉络找到对应的城市。笔者要提示的是：黎明和黄昏，日光余晖与灯光交融的短暂时光，是航摄地球夜景的最佳时机，既有地理地貌的轮廓，又有灯光镶嵌其中画龙点睛。

太空舱摄影技巧

航行中的太空舱没有太大的震动，亦无相对运动的物体和星体，不需要航空摄影的疾速操作和快速反应，尽可从容地按规范进行摄影操作。笔者要提示的是：舱内，用好微距镜头，拍好特写镜头，交代好舱室环境。舱外，用好广角拍摄航天器与星体间的关系，用长焦镜头分析聚焦天体的局部环境。夜间，提高感光度，张大光圈，开启相机防抖功能，注意聚焦精度。

▼ 图1

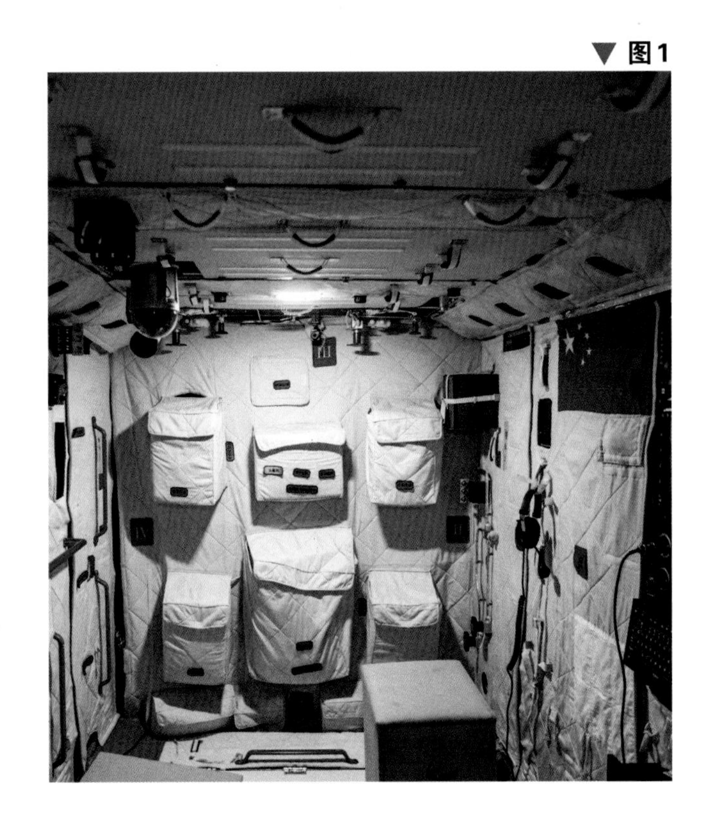

▲ 图2

图片说明

•**图1**：对于现代摄影设备的广角镜头来说，天宫空间实验室的纵深范围足够大了。图中的是用20mm的广角镜头拍下的前半部舱室。

•**图2**：航天员王亚平在太空模拟实验室的对外舱口进行摄影演练。

•**图3**：笔者在太空模拟实验舱里，与航天员王亚平进行航摄技艺交流。

▶ 图3

搜索远距目标景物

远距目标景物:距离拍摄机位较远的被摄景物

在完全陌生的航空环境中观察搜索，最令摄影师困惑的是：想要发现远处移动的微小目标很困难，要找到远处从未见过的被摄物体更是困难。实践证明，发现和锁定远距离的目标主体，是需要通过专业训练在实践磨砺中获取的一项基本功。

图1

图2

避开视觉的干扰

航摄目的景物明确的摄影师，应排除周边近距环境中的感官刺激，不管面前的景象如何眼花缭乱、异彩纷呈，都必须保持稳定的心态和明确的镜像目标，避开不相干的视觉干扰。

优化眼脑的联系

眼睛的目标扫视和大脑的目标判断是联动的，目光的移动快慢决定于大脑分析过滤速度的快慢。摄影师应该加强目力扫视和脑力判断的历练，使眼睛和大脑的协调更顺畅。

穿越表面的结构

受大气透视条件的影响，近处的景物色彩鲜艳，远处的景物随着距离的拉长而浅淡。大视野在近处形成繁杂的平面结构图，像视觉屏障把摄影师的目光与远处目标屏蔽起来。要发现远处目标必须看穿表面结构，目光穿越到目标所在的幕后。

聚焦远距的调整

在大纵深的视场中搜索远处的景物，眼睛的聚焦和相机的聚焦都应该向后推移，用远处的景物调整焦距以便搜索，优秀的空天摄影师应该具备预判目标出现距离和位置的能力。

图片说明

•**图1**：根据飞行时间推算，这里应该是武汉，用长焦镜头拉近，印证了自己的想法。

•**图2**：摄影师乘民航班机从万米高空飞过陕北高原，地物透视变化太大，高度落差被陡变为平面图案，这里是革命圣地延安，分析图像可以发现宝塔山。

•**图3**：长焦镜头透过10公里距离，发现了虚无缥缈中的天安门。

•**图4**：用长焦镜头调取远处穿越在山谷里的民航飞机。

•**图5**：目光穿越云海，在远处发现快速掠过的民航机。

•**底图**：中国科学院紫金山天文台近空天体观测站。

▲ 图3

▲ 图4

▲ 图5

适应辽远视效变化

辽远视效变化：相距遥远而辽阔的视觉效果特点

航空摄影把7000至15000公尺海拔高度设定于高空，空天摄影也把这个距离间隔设定于相对的“远距”。那么，面对10000公尺以上的空间距离，大气介质受光照、气象、季节等因素的影响，会使透视效果和视觉感受出现哪些变化呢？

辽远透视的变化

远距透视，清晰度随着大气阻隔变得依稀模糊，景物随光影变化或多或少地产生虚无缥缈效果。物体距离越远，形象描绘就越模糊；景物和视点间的距离不同，明暗反差就不同。即近处的景物暗，远处的景物亮，最远处的景物和天空浑然一体。

辽远俯视的变化

远距俯视，使由近到远的平视距离透视感消失，大地虚化割裂为一个个形状各异的色块，距离和角度把遥遥相望的地面高度差夷为平面，森林、高山、河流、岛礁、楼宇、道路，统统成为俯视结构图案。

辽远光色的变化

远距透视，使通常迎面照射的阳光变为向下投射，大地呈现的是太阳的反射光，一定距离后物体偏蓝，越远则偏色越重。一眼望去，很容易观察到周围地理环境的主色调。色彩，被高远的距离而淡化、单化，色彩效果变得不够鲜明。

辽远地平的变化

远距俯视，天地界限似乎不像地面那样分明，视线尽头会出现依稀模糊的地平界限。随着飞行状态的变化以及镜头的推、拉、摇、移，天地之间会形成不同的构成版图。视界开阔视线得到极大延伸，可以感受到大地的纵深感和地球的弧度感。

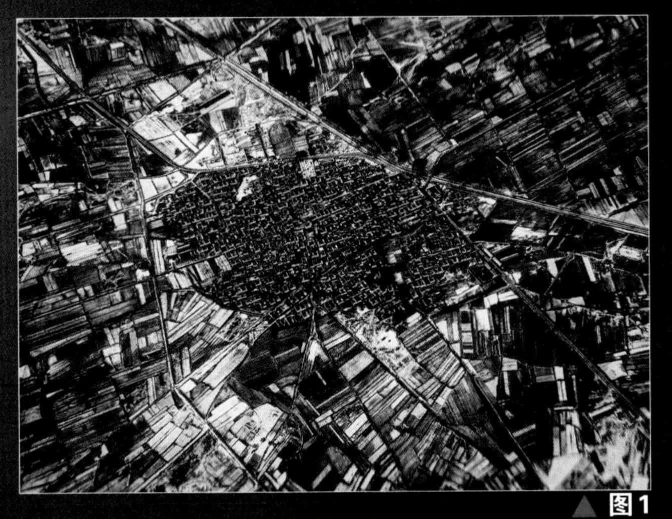

图1

图2

图3

图4

图片说明

•**图1**：高空俯瞰白雪增强了地面的反差，村庄变成了平面黑白色块，以各自的重复性、秩序性和连续性，造就了肌理效果的抽象图案。

•**图2**：飞经北京西部郊区，笔者用长焦镜头在近万米的高空仔细辨认，拍下了天安门广场、南海、长安街及周围的首都核心区。

•**图3**：在海口至三沙万米高空航路上，俯视云雾笼罩的天尽头，在光影中海滨城市三亚城区穿透迷雾显露身躯。

•**图4**：万米高空，积云的纵深排列加上大气透视造成的影像扩散现象，展现出深远的透视效果和地球的弧度感。

•**底图**：虽小却醒目的直升机，衬托出大气透视的纵深感和辽阔感。

远空月升日落：遥远的天空沉落或初升的太阳、月亮

日出日落时分，太阳光影变化多装饰性强，航空摄影师大多愿意在这个时段升空航摄。当然，选择跨昼夜飞行的班机，也会有气象万千的日落月升在航路上等着。

注意曝光的控制

高空中的日、月亮度较强，要注意按主体亮度尽量压低曝光，并控制周围环境的光比，使主体和陪体出现应有的层次。一般是使用光圈先决程序配合曝光补偿，或直接用手动曝光模式。

随调航摄的模式

日落月升时光线中的红、蓝光比例不断变化，人的肉眼对光线变化有一定的适应性，因而感觉迟钝，选用日光白平衡模式能凸显蓝、红光色彩变化，校正偏色，使影调接近人的视觉感受。

搜索云中的景象

当浓重的云团布满天空，落日就会投射出血色的辉光，形成靓丽的火烧云。当月亮升起，大片云海就会被撒上银光，那是形成画意影像的重要元素。

抓住拍摄的时机

日落月升时段，应注视远方的天象变化，太阳最后沉降的5分钟是变化最快、色彩表现力最强的时段。与太阳相似的是，月亮离地平线越近亮度越强，个头显得越大。

图1

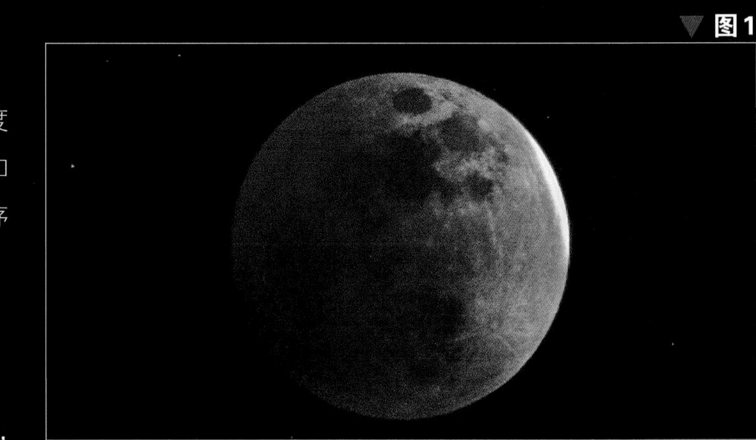

图2

图3

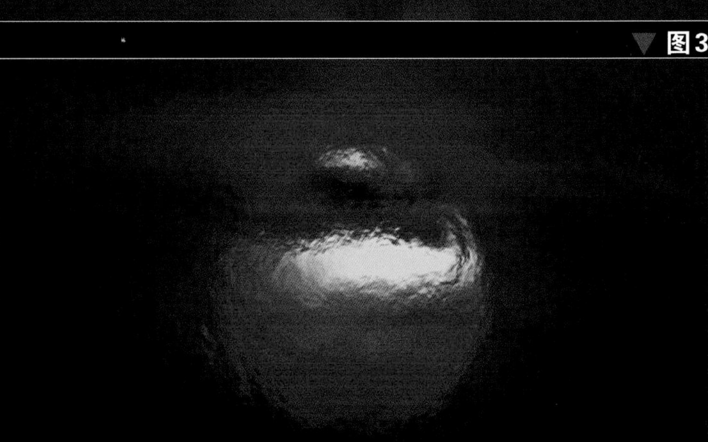

图片说明

•**图1**：聚焦难得一见的红月天象。

•**图2**：飞机与太阳的点线结合，辉映在夕阳西下的暖色调中。

•**图3**：隔着民航班机的舷窗航摄日落时的太阳，色温较高色彩浓厚，但光照烈度不强，太阳主体的光感比较柔和，以点测光数值曝光即可。

•**底图**：洁净的夜空可以拍出多彩多姿的月升，也是航空摄影重要的创作领域，照相机高感的加强，实现了《登月》这幅摄影艺术作品的成功。

抓拍渺远过往飞机

渺远过往飞机：航行中相遇距离较远的飞机

在漫长而枯燥的旅途中，尽管高空天象美如仙境，但总感觉视觉疲劳。偶然发现远处飞来一架民航飞机，如同神来之物打破了天宫的沉寂，使云海充满动感和活力。从此，笔者便有了高空寻觅飞行物的嗜好，把乘民航飞机出行作为“空对空”航摄的实训和创作机会。

航摄前期的准备

确定旅行日期后，就应围绕航路筹划航拍事宜，首先选择航班的飞行时段。而后，根据航路和景色出现的方向，确定所乘坐飞机舷窗的左、右位置。必须避开机翼对地观察的遮挡，选择飞机的前舱段或后舱段。登机后，先把舷窗用纸巾擦拭干净，然后调整好相机的各项设置：100mm至400mm长焦镜头、单点自动跟焦、快速连动快门、感光度ISO800、光圈F5.6，RAW + S格式。

航摄飞机的难点

除了起降阶段可能发现离自己较近的飞机外，在漫长的旅程中留意发现穿梭往来的飞机是偶然和困难的。它们来去匆匆，速度相当快，从出现到消失不过几秒钟，而且距离远飞机显得很小。乘民航飞机进行“空对空”观察是摄影的技术难度所在。

飞行途中的观察

乘民航班机“空对空”航摄过往飞机的确需要下大功夫，这个功夫主要下在对外观察上。因为，过往飞机的出现毫无规律，距离又比较远很难发现。每次出行为了能发现几次过往飞机，要保持持续的、长时间的对外观察。这是一个耗时费力，却很难出彩的航摄课题。但是，正因为难度太大，才富有极大的挑战性。

飞机出现的规律

在最繁忙的主航路上，飞机多半靠右飞行，应该按飞行方向预约左侧最前端的舱位。对头飞行的飞机有300米的高度差，间距10公里以上。拍摄微小移动目标，摄影师必须具备较高的视觉敏感，抢先发现才能在飞临时抓到它，并把它定格在空中最具特点的部分。

图1

图2

图3

图片说明

•**图1**：民航班机通过看似乱云飞渡却又彼此纠缠渗透的天空彩云，在万米高空北京至广州的航路云海中，一架民航飞机穿越其中，打破了天宫的沉寂。

•**图2**：迎着祥云，航线上出现了飞行中的民航客机，日落时分，一架飞机穿越云海中，更散发着动静相衬的魅力。

•**图3**：远距是视觉感受的结果，这幅画面中的飞机之所以感觉较远，是因为运用广角镜头夸张了距离。

•**底图**：影像框架底线与大型宽体飞机形成的俯仰夹角，给人以运动感和不稳定感，从而强化了画面传达的凌空感。

抵消远摄震荡影响

远摄震荡影响：飞行器产生的抖动传导对远摄的影响

自激振荡，对于中短焦镜头影响不大，但是对远望镜头的影响很大。航空航天器在飞行中的振动会传输到镜头远端，并为长焦镜头放大，严重干扰摄影结像力的质量。所以最大限度地防止因振动产生的结像问题，消除震动力对摄影镜头的传导，成为空天摄影的重要技术要点。

飞行震动的分析

几乎所有动力飞行器在运行中都会出现颤振、抖震、摆振、共振、嗡鸣微震以及动力系统喘振和自激震动。因其动力和结构设计不同，出现的震动频率和强度不同，对空天摄影结像力的影响大小亦不同。

抵消震动的姿势

双臂贴紧身体两侧，相机悬空抱在胸前，左手握镜头焦距调节环，右手握紧相机手柄并按动快门。坐稳，双腿蹬紧，保持身体舒展平衡并易于操作相机，不能用飞行器的某个部位为依托，它会把抖动传给相机；应用身体的各部软组织做相机与飞行器之间震动的缓冲。

抑制震动的心态

镜头抖动除了飞机颠簸的原因外，往往来自摄影师自身的心慌气短。做好各方面充分的准备，保持平稳的情绪，尽量避免临空时由于精神紧张产生手抖现象。观察时保持呼吸自然，按动快门的瞬间吸气并屏住呼吸，然后放松恢复正常。

图片说明

•**图1**：在飞机剧烈抖动时，站立航摄可用全身的软组织作为缓冲。

•**图2**：慢速快门跟踪拍摄技法，使直升机桨叶出现了挥动效果，但是垂直向下航摄抖动被长焦镜头放大，影像模糊很难消除。

•**底图**：在青藏高原复杂气象中飞行颠簸震动是强烈的。

▼ 图1

▼ 图2

凸显空间距离效果

空间距离效果：立体环境中物体点、线、面间隔的感觉

在自然环境中人们视觉感受到的物体间隔尺度，不一定是实际的客观物理距离。由此推论，空天影像可以根据摄影师的空间艺术创作理念，通过摄影技巧中不同焦距的镜头透视、机动中不同角度的大气透视，在影像画面中形成创意的远近视觉印象。

机动视角的调整

在空中透过摄影机镜头向上仰视、向下俯视、向前平视、轻度俯视、大垂角俯视等各种视角，形成的距离透视感大不相同。对排列在地表的物体观察，垂角越大距离感觉越远，俯角越小距离感觉越近，前后纵向排列的物体在平视中显得最近。

大气透视的渲染

排列在自然阳光下的物体，距离观察受光线变化的影响较大，这是因为，纵深宽阔的视野在前光、测光、逆光、顶光的照射中大气透视的效果不同。前光、前测光和顶光照射下的物体间隔显得近些，而逆光和侧逆光中，大气透视效果显著，物体间的距离感觉深远。

长焦镜头的拉近

长焦镜头对景物具有压缩空间的视觉效果，物体只要是形成纵向前后排列，长焦镜头就会把距离感收缩。镜头焦距越长，压缩比就越大，空间距离感就越近，形成长焦镜头物象重叠挤压效果的特点。

广角镜头的夸张

广角镜头有强调前景和突出远近对比的特点。用广角镜头观察，近的东西更大，远的东西更小，从而让人感到拉开了距离，在纵深方向上产生强烈的透视效果。要表现景物纵深的高远性、深远性、开阔性，就要发挥广角或超广角镜头的透视特点。

◀ 图1

▲ 图2

图片说明

•**图1**：运用长焦镜头空间压缩的特性，把三架直升机的主要机体结构叠加在一起。

•**图2**：用海南博鳌地面微小的房屋建筑，建立视觉空间距离感觉的基础。

•**图3**：把直升机放在白色的环境中，运用主体与地貌的色差反衬飞机与地面的距离。

•**图4**：特技飞行表演中，飞机拉出的彩烟形成了深远的空间距离感。

▲ 图3

▶ 图4

避免舷窗透视畸变

舷窗透视畸变：隔着飞机玻璃拍照的成像变化

在许多情况下，乘飞机航摄不能打开舷窗，只能隔着玻璃拍。如何避免座舱玻璃给影像造成的成像畸变，就成为航空摄影师们头痛的问题。多年来的做法如下。

清洁座舱的舷窗

座舱玻璃的材料各有不同，大多由高强度有机玻璃模压制成。清洁与否直接关系结像清晰。若有条件应用细研磨粉或牙膏内外打磨，再用棉纱擦净。

消除划痕的结像

摘掉遮光罩可以使镜头最大限度地贴近玻璃，既可避免玻璃伤痕结像，又可选择相对干净的部分对外透视。开大相机光圈，减少景深范围，可避免玻璃划痕和脏点结像过于清晰。一般窗外景物较远，开大光圈后不会影响远方景物的成像，相应提高快门速度也是有益的。

▲ 图1

避免耀光的产生

可以遮住部分镜头，防止阳光直射；用变换镜头指向避开耀光；用偏振镜消除杂乱耀光，使云彩层次增加天空压暗等方式。但要注意，舷窗玻璃会与偏振镜产生光学畸变作用。

避免耀光的产生

耐心等待飞机转向或稍微改变角度，玻璃反光及产生的耀光就会出现。运用阳光透过座舱玻璃折射的耀光表现出的多采光晕效果，填补过于空旷的构图缺憾，使整幅画面产生特殊的艺术意蕴。

▶ 图2

图片说明

•**图1**：只要把握好要领，隔着舷窗玻璃也可以拍出清晰的照片。

•**图2**：航空影像的结像力，主要取决于飞机玻璃的干净程度，这看似简单的问题其实非常重要。

•**图3**：民航机的舷窗由两层有机玻璃组成，在照相机镜头镜片的折射下，产生变化多端的光感奇幻镜像。

•**图4**：舷窗玻璃的透视程度并不平均，出现的局部结像不实，肉眼很难察觉，只有后期屏幕观察才能发现它的清晰度差别。

▲ 图3

▼ 图4

航摄近似外星地貌

近似外星地貌：地球上与外星体地表形态相似的环境

空中俯瞰大地，许多奇特的地貌把我们带到一个科幻的视界中，让我们体味到达外星的神奇感。在大众眼中，凡是新、奇、特的地方就像到了外星。但是这些貌似外星地理环境的陌生景象并非普遍存在，航空摄影师应在俯瞰中提炼新奇，创造意境。

陌生环境的凸显

陌生环境，是把人们带入近似宇宙星体地貌视界的魅力所在。应该让飞机高空盘旋，以便俯瞰发现典型地貌的集中地。再指挥飞机降低接近，或用长焦镜头调取具有特点的兴趣中心。

起飞时间的选择

起飞时间，关乎地貌呈现的影像效果。地貌环境存在一定的高度差，光线低时界限分明，沟岭低处隐入暗影之中。而光线高时，虽然地表高度差会被淡化，却会把地面植被的纹理层次映照出来。摄影师应多选择日出前或日落后起飞，感受多变而华丽的光线带来的神奇与幻觉。

机动选择的把控

进入角度，关乎脉络走向及光照方向，它直接影响航空影像的光感、透视感、纵深感等要素，是选择表现地貌景致理想立面的机动方式，梦幻般的感觉和科幻般的效果，就出现在人们的俯视视界中。

高度机动的优势

飞行高度，关乎视野范围和俯视角度。低高度航摄虽然会接近地表，亦会产生类似登山爬高的平视感。飞行高度太高又会使地表覆盖过大，难于表现地貌特点和兴趣点，飞行高度的掌控是表现地貌神奇感的关键。

飞行要素的配合

飞行要素，关乎航摄任务的完成质量。航摄中摄影师应该具体把握飞行计划，除了预先协同飞行外，临空有了感性认识后，应及时发布清晰明确的指令，让飞行员操纵飞机配合完成任务。

图1

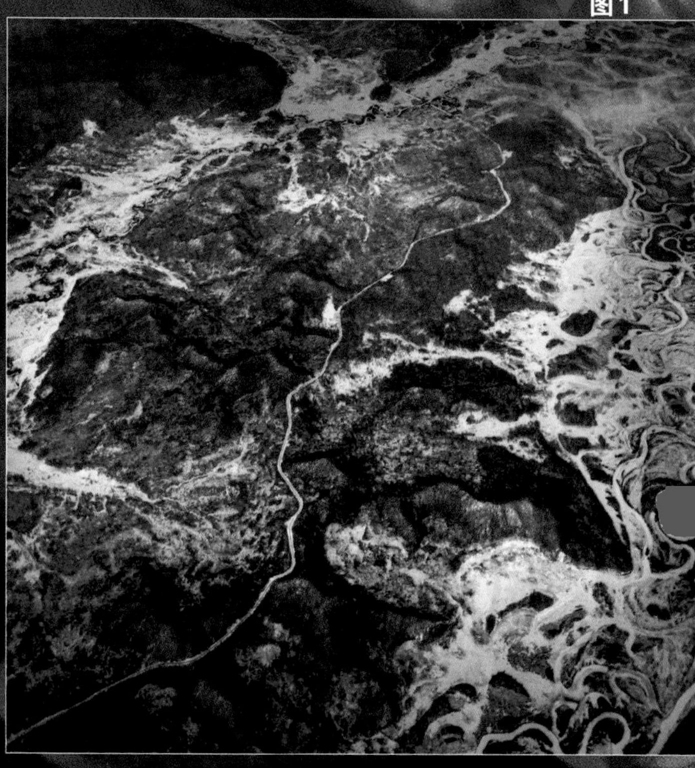

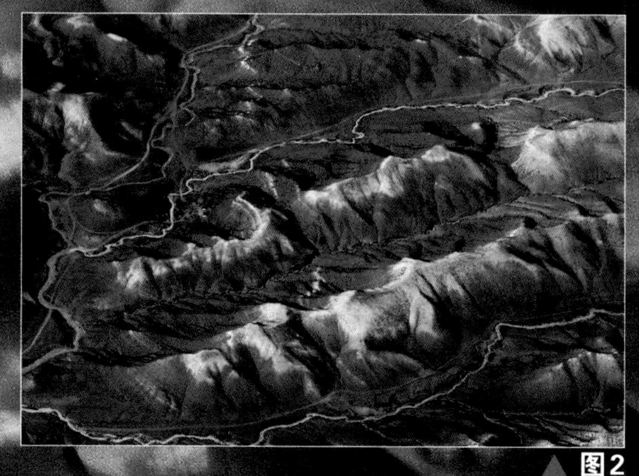

图2

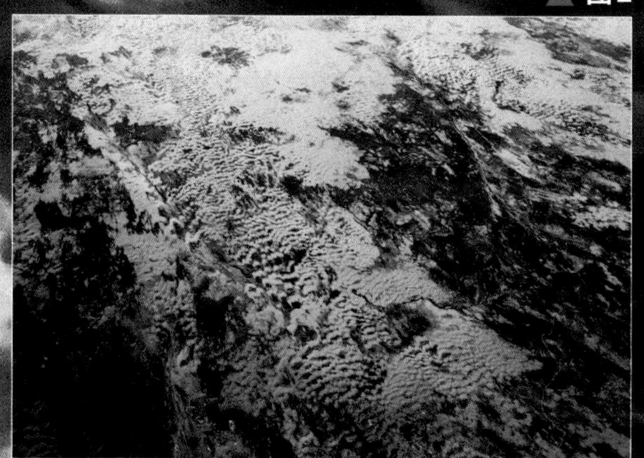

图3

图4

图5

图片说明

•**图1**：冬季的夕阳映照着黑河流域复杂的河道，让人卷入大自然所赐予的优美的旋律中，热烈的色系使人们联想到火星地貌。

•**图2**：富有韵律感的雅丹地貌既有规则又无规律的造型，生成自然流畅的美感画面。

•**图3**：既明晰又混合的色彩，产生叠加的美感，起伏的沙型在侧影的塑造中，强化了甘肃戈壁滩的苍凉与神秘，人们多半愿意相信这是土星上的恶劣生态环境。

•**图4**：黄土高原人工修建的梯田，与自然的山势形成了特有的地理环境结构。

•**图5**：鄱阳湖神奇的河套局部，展现着古老的沉淀和大自然变换的轨迹，形成抽象派的自由波折线，给人以优美的动荡感，它使人想到外太空有水的星球。

•**底图**：初冬细雪把复合式线条勾勒得格外清晰，腾格里沙漠的地质构成创造出新奇的自由线性组合，这或许就是许多人想象的来自某个外星体的影像。

强化物像凌空感觉

物像凌空感觉：空中观察景物产生的空间悬浮游离特效

时下，很多航摄作品似脚踏实地登高爬楼拍出来的，缺乏航空飞行独有的凌空视觉特性。摄影师应该了解凌空感的成因，并在飞行中认真体验它的生成状态，以便把这种感受融入形象表述中，让观者在图像中领略到凌空的视觉特征。

人体悬空的恐惧

悬空的恐惧感，是由空旷感和恐高感交织混合而成。当摄影师随航空器腾空而起，除了视线角度、视野范围产生变化外，悬空的状态使心理产生“提心吊胆”的恐高感。

空间距离的遥远

空间的距离感、高度感是凌空感的支撑要素。但是，许多摄影师航摄中总愿让飞机飞得低些，离景物近些。其实，超低空飞行或用长焦镜头拉近，都会损失纵深效果，从而削弱凌空感。因此，航空摄影要控制空间距离的过度接近。

航空浮动的失衡

浮动的感觉，是飞行悬浮中的不稳定状态造成的。飘浮在空中与固定在高点，人的生理和心理感受是完全不一样的。悬空加上飞机的机动，会使人产生失重的感觉和不安的心态。

视野环境的空旷

环境的空旷感和纵深感相合相辅，影响着凌空感的强弱。摄影师在取景时总愿让景色或飞机充满镜像，以求构图的丰满。殊不知被塞满的画面同时也把开阔感、空旷感以及纵深感减弱了。有意留下大片的空白，倒可以强化凌空感的效果。

图片说明

- **图1：**“飞豹”战机高速编队冲天，形成一种扰动视场，产生了强烈的凌空感。
- **图2：**虽然滑翔伞在地表飞行，高度不高、速度不快，但是采用横向追随跟踪拍摄技巧，造成了背景划线的拉长，给人以较强的凌空错觉。
- **图3：**这幅来自高空的航摄山体地貌，具有距离感、空旷感、纵深感、高度感，这些都是凌空感的要素。
- **底图：**战机所处环境在逆光照耀下，呈现出强烈的纵深感和空间感，斜向俯冲攻击呈现出的运动感，强化了凌空感的表现力。

图1

图2

图3

认知大气透视规律

大气透视规律:大气对空间透视阻隔产生的视觉效果

空天摄影从根本上讲,是处理自然空间大气透视的视觉方式。在一定的气象条件下,航空航天运动中的距离变化和光感因素的相互作用,使空天影像产生形的虚实变化、色的深浅变化等艺术效果。

大气透视的反差

空中瞭望,云雾、烟尘、水气等介质对光线有扩散作用,空气透视的强弱取决于近景与远景的明暗反差。近的反差较大,大气透视强;远的反差小,大气透视弱。

轮廓透视的效果

空中瞭望,近的景物透视度高轮廓清晰,随着空间距离渐远,景物清晰度越来越低,轮廓越远越模糊。景物的色彩空间透视效果与空气的厚薄有关,近则鲜亮,远则暗淡。

光向透视的特点

空中瞭望,物体受到不同方向的光照,出现深、浅、冷、暖不同的透视变化。由于镜头指向的角度不同,出现因光照角度变化产生的不同大气透视效果,这种明暗对比关系在逆光条件下会得到强化。

镜头透视的景深

运用镜头焦点周围的物体景深清晰范围,借助实则艳、虚则淡的空间色原理和远小近大的透视原理,用不同焦距的镜头使景深范围发生变化,从而达到强调和弱化大气透视的效果。

气象透视的变化

气象条件改变着能见度、对比度和色域范围,也影响着空间透视效果。阴、云、雨、雾等复杂气象,空间透视效果突出。而雨过天晴远处景物清晰,大气透视感较弱。就一天而论,早晚空气透视现象显著,中午较弱。

图1

图2

图3

图片说明

•**图1**：蜿蜒的长江似贯通四川大巴山混乱山势的一条引线，建立起画面的纵深式透视关系，把读者的目光引向画面的尽头，使平面影像出现空间纵深感和大气透视的厚重感。

•**图2**：客机穿越山中云海延伸着我们的目光，增加了大气透视的纵深视效，更增加了远近透视的距离感。

•**图3**：海岸的线性构成由近至远贯穿画面，色彩由重到浅形成透视的纵深感。

•**底图**：复杂的气象条件使空间透视千变万化，产生了渲染空间距离的作用，加强了大气远近透视效果。

太空摄影姿态保持

太空摄影姿态：太空微重力环境拍摄的体位和姿势

太空摄影包括：航天员在太空舱内、出舱游走或踏上外星体地表的摄影操作。由于是在真空无重力环境的运动，摄影师身处漂浮状态，对摄影机位的调整有着特殊的要求，因此如何保持航天员自身的运动姿态和稳定能力，是保持摄影机位动向和定位的基础。

太空行走摄影的动力

太空游走的航天员可以用头盔式摄影机和手持摄影机进行拍摄，航天机动太空服配有推进系统，可以通过手控器改变飞行的速度、方向和自身状态。通过取景器观察可以进行6个自由度的机动飞行视角改变。身着机动太空服的航天员等于在一边开飞机一边摄影，我们称之为“太空自驾航摄”。

保持镜头指向的定力

太空的摄影操控与地面相似，不同的是航天员要熟悉在微重力环境中的力动特点和感觉。由于航天员在太空飞行中，需要改变自身位置与朝向以完成摄影角度的变化要求。当无法触碰到手脚限制器等借助物时，会涉及人体无外力状况下，自旋运动转换产生体位变化的问题。因此，必须学习人体转动的肢体操作方法，以适应摄影角度变化的运动需求和镜头指向的稳定。

借助物体稳定的固力

在太空失重环境中进行摄影操作，体力和精力更多地会消耗在寻找合适的角度上，因此应该尽一切可能减少身体运动。失重生理效应影响大脑功能状态，极易造成航天员工作能力下降、危害安全。因此，太空摄影应该借助航天器、空间站中一切能把能靠的物件，凭借依附和借力产生人体的固定力，以利于摄影姿态的稳定。

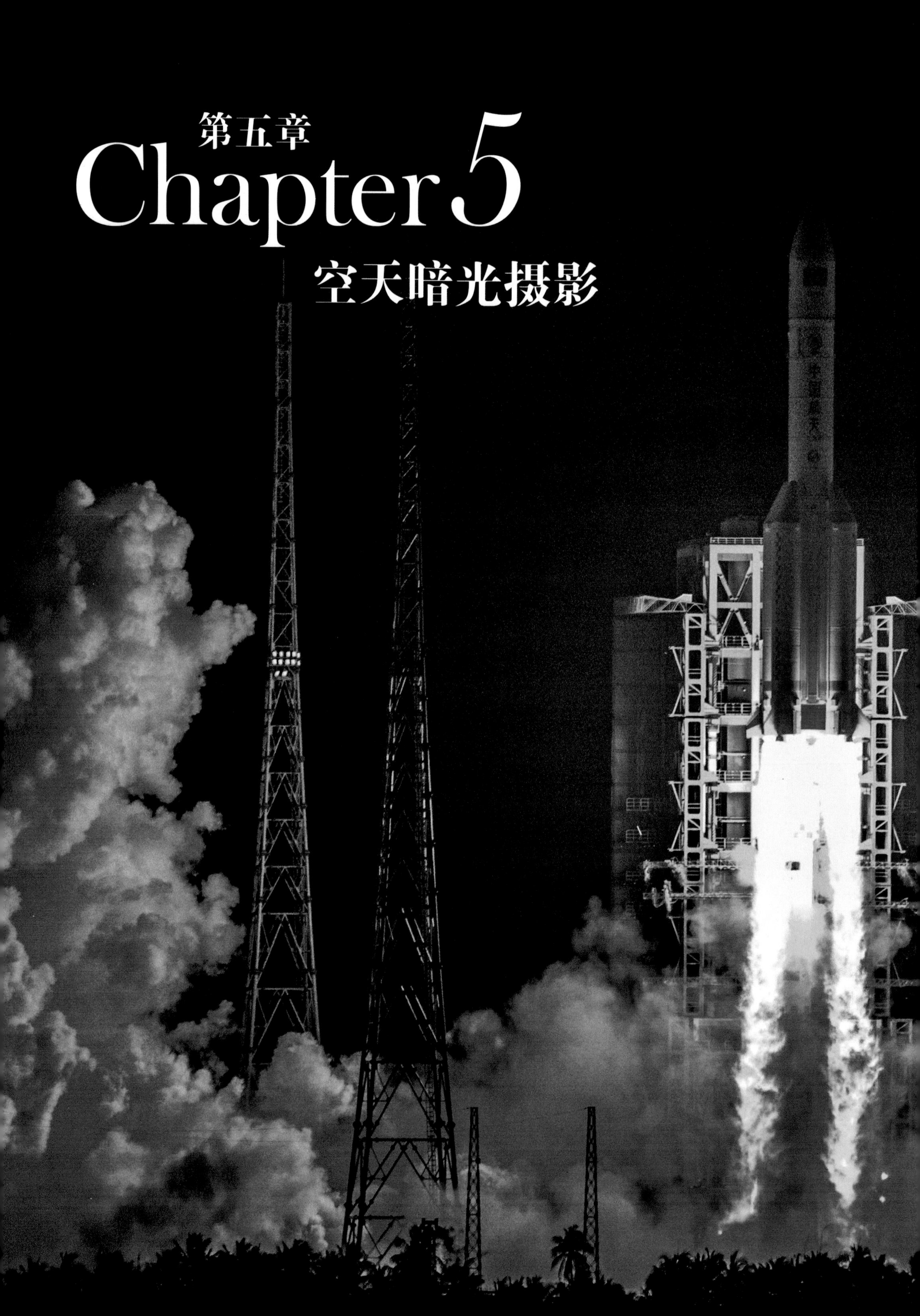

第五章 Chapter 5 空天暗光摄影

空天暗光摄影的学科定义

空天暗光摄影：在黑暗中探索聚焦已知和未知的视界。

人类在太空光谱的感应中，对宇宙天体进行发现和图解诠释。

人类在制造光源的照耀下，寻求暗光中物象的魅力展现。空天暗光摄影，正在对一切潜伏于黑暗中的美好视场进行光感再现。

探摄魅力星空要点

探摄魅力星空：用摄影机探寻浩瀚深空星体形成的图案

随着摄影器材的发展，人类探寻宇宙的目光变得越来越犀利，许多摄影人陶醉于聚焦星空乐此不疲。这里，我们不对天文望远镜、赤道仪、特制镜头以及高科技专业设备进行的宇宙科学探测深入研学，只针对如何运用大众普及的光学照相设备，进行较远距离星空摄影的要点做简要提示。

寻求稳定的支点

星空探摄是长时曝光的摄影操控，可靠的稳固的支点是最基本的要求。必须找一处地质坚硬的平台，把摄影机架设在一架专业的三脚架上，使镜头在长时间曝光中保持稳定。

寻找黑暗的环境

聚焦夜空的繁星，保持地面相对的黑暗是前提，必须避开世间杂光的污染干扰。拍摄星空最好选没有月亮的日子，以避免月光的融入。机位环境越暗越好，最好是选在山野之中或者高原地区，还要根据不同纬度天空星云、银河的表象特点选择确定拍摄季节。

寻求安全的防护

在强烈的创作欲驱动下，摄影师在人迹罕至的偏远地域，会心系星空，所以一定要注意安全保障，穿好防护服装、带好防身装具以及足量的手机、相机、照明电池。还要做好防迷路、防叮咬、防雨雪、防蛇蝎、防野生动物、防气象和地质灾害等准备，带好足够的食物和水。

寻求准确的曝光

夜空摄影，虽然曝光时间没白天那样敏感，但是由于地球自转与星群移动，天体相对位置在不断变化，所以曝光时间越短，星形曝光越清晰，超时就会使星群的结像或短或长地被拉长成为星轨。面对无限远的星光，没有必要缩小光圈获取景深范围的宽容，也没有必要把感光度调到极限，使噪点布满画面。

寻求深空的星群

初涉星空摄影，必须熟悉天文摄影知识和星云变化规律。因为摄影师目力识别繁星的能力不如高感相机，呈现在眼前的星星并不像相机感光那样多。应该先用高感设置相对快的快门速度，多拍几张样片，进行分析和比较，然后确定银河的走向、星群的聚集区域的密集程度，再合理调配使用镜头焦段框取画面构图。

图片说明（紫荆山天文台提供）

- **图1：** 近地天体望远镜。
- **图2：** 玫瑰星云。
- **图3：** 银河系。
- **图4：** 近地天体图。
- **底图：** 近地天体望远镜。

图1

图2

图3

图4

拍摄火箭发射套路

夜摄火箭发射：获取夜间航天火箭升腾的影像

航天发射的技术要领可以参照常规武器发射、运动物体跟踪、大光比曝光控制等航摄课题实施操作。还要克服重大事件现场紧张气氛造成的应急激动情绪，以及现场拍摄条件局限等实际困难的制约。

航天发射的特点

航天火箭发射升空的过程，与坦克、舰炮、导弹等常规武器装备的发射特点相似。但因其体积大、点火发射过程缓慢、时间节点又非常明确，因此拍摄难度并不大。

曝光控制的要求

为确保快门速度，无论昼夜发射都要把ISO感光指数调高。火箭起飞时喷射尾焰亮度很强，主体与环境的亮度差很大，应按平均值减低一两档曝光量作为补偿。为了获取较高画质的图像，应设置RAW＋JPG文件格式。

镜头焦段的选择

用变焦比较大的镜头，使选取画面景别的范围加宽。在点火升空过程中，先是用长焦镜头推上去拍摄火箭点火喷射特写。接着，镜头拉开拍摄发射场的全貌。然后，把镜头再度推上去追踪火箭飞行轨迹。

精确聚焦的操作

拍摄亮度变化较大的移动物体，跟踪对焦是关键，拍摄中一旦丢失焦点影像将一片模糊。为了确保发射瞬间聚焦准确，有的人关掉自动对焦系统，把焦距锁定在火箭主体上。但是，这样做在箭体移动中会无法自动跟踪聚焦。

快门连拍的节制

火箭从点火到发射升空，可拍摄时间大约10秒钟左右。必须提醒自己不能死按快门。因为，现有相机最大文件格式高速连拍只能持续一两秒钟，时间一长就会死机，必须把握节奏，节制快门使用。

图片说明

•**图1—3:** 火箭点火发射腾空的过程。

▲ **图1**

▲ **图2**

▶ **图3**

快速追摄夜射火箭

追摄夜射火箭：跟踪拍摄夜间火箭升空的运动过程

拍摄夜间发射宇航火箭并不难，只要对准发射平台，在火箭点火起飞过程中按动快门，就能留下尾喷和气浪推动火箭腾飞的瞬间。难的是在暗与亮反差光比极大的环境中，如何留下火箭被推离发射塔后的飞行状况影像。

镜头焦段的变化

用变焦比较大的镜头，使选取画面景别的范围加宽。在点火升空过程中，先是用长焦镜头推上去拍摄火箭点火喷射特写。接着，镜头拉开拍摄发射场的全貌。然后，把镜头再度推上去追踪火箭飞行轨迹。

亮度光比的控制

火箭点火后尾焰喷射的亮度很强，与箭体亮度形成很大的光比反差。这时应该最大限度地降低曝光，以保障火箭尾喷烈焰出现一定的层次。当火箭主体飞离发射塔，箭体失去塔架照明后，箭体和尾焰的光比反差进一步拉大，必须迅速反向调整曝光补偿设置，增加曝光量以借用尾焰映照火箭主体。

追摄火箭的技巧

火箭飞离发射塔架之前的启动过程移动比较缓慢，一旦飞离塔架其腾空速度逐渐加快，亮度随即逐渐变暗，我们只能通过尾焰的逐渐变小，估算火箭远离的速度和距离。这个过程应该运用相机的跟焦伺服程序，镜头追随火箭尾焰亮点，采取跟踪摄影的技巧，在镜头随火箭主体移动中按动快门。

▼ 图1

▼ 图2

▲ 图3

▲ 图4

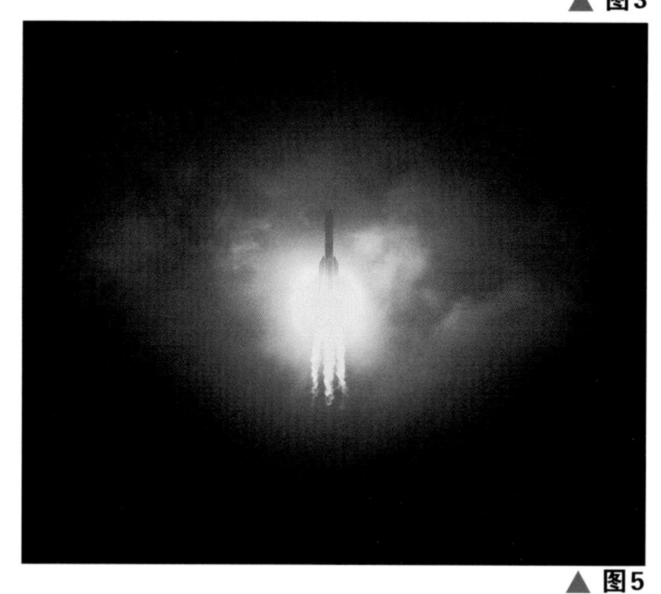

▲ 图5

图片说明

- **图1**：火箭点火后开始腾空，为保持尾焰过曝，摄影师降低了两档曝光。
- **图2**：火箭离开塔架升高，可迅速增加曝光量，以保持火箭主体亮度。
- **图3**：火箭距离越远主体越暗。
- **图4**：随着箭体距离的远去，可继续增加曝光。
- **图5**：把曝光补偿开到最大极限，尾焰和箭体的亮度比例过大，无法保持曝光的平衡比值了。

感悟深空幻影视界

深空幻影视界：宇宙星体形成的天宫光谱影像

当今，许多天文摄影爱好者历尽艰难险阻，或跋涉于人迹罕至的原始荒野，或远赴设在偏远地区的天文观测台，在无光污染的原生态环境中，聚焦浩渺空天的星体幻影，寻求中华先祖返璞归真的精神境界。他们不把拍摄目的与名利关联，而是把价值取向定位于享受超凡脱俗的高尚情趣，纯化精神的心路历程，净化心灵意念的修炼过程。

通往宇宙的幽径

探摄宇宙星空，必经远离人类赖以生存的声、光、电造成的环境污染。对于天文摄影爱好者来说，要拍出理想的星海照片，必需历经寻找机位的艰难跋涉、承受黑暗山野的孤独恐惧。在夏季那人迹罕至的高原山巅，冬日的南极圈、北极圈里，天文摄影家架起人类与宇宙视觉对话最为便捷的通道。

心驰神往的梦境

天文星空摄影是个磨砺性情的慢工，静静地观察，慢慢地曝光，动则数十分钟或数个小时。摄影师身处没有污染的原始生态环境中，面对浩瀚的星空，没有在众人面前的炫耀，亦无繁华世相的功利，只有借置身原野激发的深空探欲，通过镜头接受来自心驰神往的天宫仙境的深空影像。

呈现天宫的实境

逃离声光污染尘嚣的社会环境，投入自然纯净的青山绿水，举目清澈透明的深空，在憧憬天宫秘境魅力的驱动中，运用相机镜头接收变换游移的天体星光创意作画。天文摄影与科学精神紧密相连，大家不用电脑工具重组天体形状与人间大地的关系，严格遵守忠于现场纪实原则，在超凡脱俗的心境中享受旷野星空带来的心驰神往的影像语境。

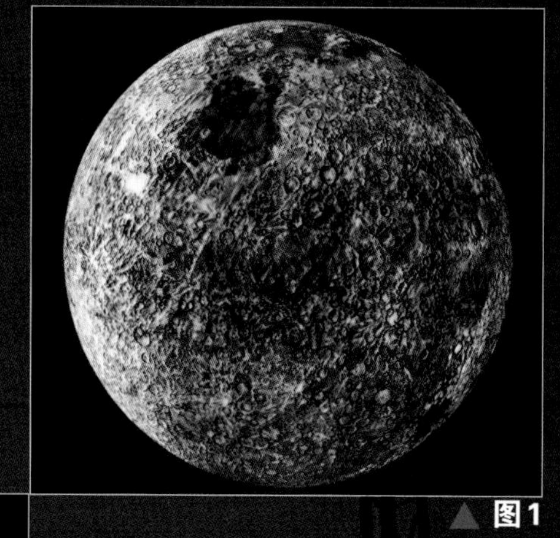

图1

图2

图片说明

- 图1：遥望水星。
- 图2：遥望地球。
- 图3：遥望金星。
- 底图：射天望远镜。

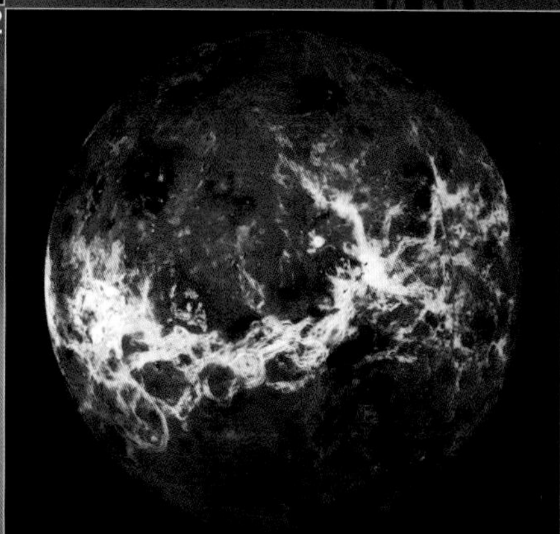

图3

截留飞机夜空流影

飞机夜空流影：飞行器晚上航行留下的痕迹

照相机感光度的不断提高，给拍摄弱光中的飞机提供了越来越坚实的技术支持，尽管如此，在昏暗的夜空聚焦飞行中的飞机仍然有一个个技术难点，需要摄影师在掌握航摄要领的基础上反复实践。

运用地面的灯光

地面的民用灯光在低空形成辐射漫光，在一定范围飞行的飞机都会在这微光中留下身影。机场灯光虽然微弱，仍然可以映亮起飞降落的飞机。这些，是拍摄夜航飞机的主要光照条件。

运用飞机的灯光

飞机夜航时自身也有灯光亮度，有的在机翼，有的在机尾，有的在机首。有的是长明灯，有的是闪烁灯，有的是临时开启的照明灯、探照灯，这些是拍摄夜航飞机的基本光照来源。

运用天空的余光

在天色变暗天空尚有余光的短暂时间段，可以拍出带有夜色的清晰飞机主体影像。但是，一种特有的蓝色调笼罩着整个画面，人们感觉不到真正夜色效果。

运用慢门的追拍

在暗光中航摄，快门速度往往达不到清晰定格飞机的效果。必须让镜头移动起来，与主体保持一致，在追随中航摄出动感极强的飞机照片。这也是弱光条件下，航摄飞机夜航照片的一大特点。

高感定格的控制

在灯光较亮的机场和城市上空，可运用相机的高感光度定格飞行中的飞机，拍出清晰的主体影像。但是，在运用最高极限感光度时，必须注意曝光准确，避免曝光不足出现影响效果的噪点。

连拍多拍的运用

弱光条件下航摄快门速度一般会很慢，而空中飞行的飞机速度却很快，这就要求摄影师连拍多拍。或许旁观者会认为我们是在“瞎蒙”或“瞎拍”。但是在成功率极低的感光条件下，我们必须以量取胜。

图片说明

•**图1**：“飞豹”战机起飞执行夜间编队战术演练任务。
•**图2**：空降兵执行滑降战术演练科目。
•**图3**：武直10在进行夜航战术飞行训练。
•**图4**：武装直升机夜间起飞，与我乘坐的另一架战机编队巡航。
•**底图**：迎着强大的翼尖风，用慢速快门拍摄直升机在夜暗环境中的靓影。

图1

图2

图3

图4

图片说明

•**图5**：中央电视台现场直播直升机工作平台，夜空中抵近穿越广州市海心沙亚运会主会场，航摄隆重热烈的闭幕式大型焰火晚会，我乘外围巡逻直升机航摄记录了这一历史时刻。

创意高低光影调性

高低光影调性：明暗和反差形成的视觉感知倾向

画面的光影调性是整体风格的外在表现，是渲染情绪表达感情的形象基础。由于空天摄影是基于自然形态的影像记录，只能依据影响影调形成的现场自然条件，借助航空器全方位机动的优越性，在随意变换拍摄角度中寻求形成影像调性的路径。

俯视环境的影响

空天影像的调性多半来自被摄现场景物的基本原色，比如：大片的森林，就很容易形成墨绿的暗调；大片的浓雾，很容易形成淡墨的高调等等。

自然光向的影响

不同方向的光照产生不同的影调，现场光会跟随航摄工作飞机的机动飞行航向而改变。顺光时的海面是明绿为主；而逆光的海面将变成墨绿的暗色。

日照时间的影响

一天的光照变化是很大的，特别是早晚日出日落时段，日光的照度和亮度变化很快，影调的形成也随着产生于不同时段的光照度，形成风格不同的调性。航摄时应该根据时间段变化，取得不同的影调效果。

四个季节的影响

对于固定的航摄景区而言，春、夏、秋、冬四季的变化是很大的。不变的景物，随着季节的变化拍出不同色调的影像：春季的花海、夏天的绿植、秋天的黄叶、冬天的覆雪……

调整曝光的影响

改变曝光，是摄影师主观掌控和调整航空影像的重要方式。调整曝光量欠一些，让影像光浅一些，就能得到高影调影像。反之，有意把曝光降低些，影像的色彩就会浓重低沉下来。

空间距离的影响

航摄距离对影像的饱和度、明度、反差有着直接的关系。不管是飞得高、还是离得远，都会受到大气透视的影响，近则饱和，远则淡化。所以，距离和高度是形成空天影像基调的重要因素。

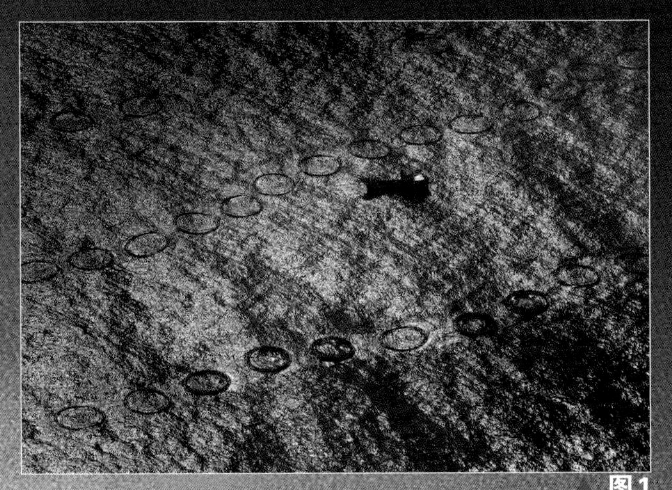
图1

图2

图片说明

•**图1**：低色调笼罩下的波光，勾勒着黑海中小船和圆圈网箱排列有序的轮廓，就有了版画的效果。

•**图2**：用深圳高层建筑形成的反差极强的明暗影调，表现大都市的纵深感。

•**底图**：大面积铁灰色的烟气中，两架载着空中行走演员的鲜红飞机格外抢眼，飞机拉着烟乱中有序地冲来，形成正向走势的浅冷灰性色调。高低相间的调性延展着读者的视线，增加了大气透视效果。

勾勒夜间城市路网

夜间城市路网：晚上灯光辉映中的街道脉络造影

在路灯、车灯和建筑灯的照耀下，道路的光影由点到面，由面到线，由线到网，交织连接起城市的各个角落。除了有指定的地标要求，摄影师应该在乱如麻团的城市路网中，梳理提炼出有存照价值和审美价值的造型图案。

夜路线网的布局

要使画面中道路网布局合理，关键在于节奏配合与巧妙运用的线条疏密处理。寻找恰当的拍摄角度和合理取舍以调整路网的整体结构，才能使画面保持秩序感，产生丰富而不繁、变化而不乱、生动而不散的效果。

▲ 图1

从点到面的选择

首先要发现道路交叉点、结合点、灯火辉映点，以及社会活动形成的视觉趣味点，并把这些结构点确立为影像的视觉中心。然后运用飞行高度的提升或镜头的收缩使点扩张成面，并进一步观察面上的“表情”，发现丰富又动感的肌理。

明暗光比的控制

夜间航摄，道路与环境光线亮度比例差别很大。必须注意肉眼观察和机械记录的差别，重视光的质量和光比反差的存在，有效控制曝光，确保不出现明暗对比失调的局部过曝。

▶ 图2

▲ 图3

▲ 图4

◀ 图5

图片说明

•**图1**：局部S型路段矗立，使城市中心主干道充满了动势，体现出交通大动脉的威力。用近似乐器和乐谱的优美造型，表现道路结构的复杂及功能的多样化。

•**图2**：摄影师用广角镜头包容了路网较大的环境，以圆形为界，又由线条向中心汇聚，组合出交会如织的结构，表现其线性美感，使道路结构充满神秘的幻觉。

•**图3**：广州奥林匹克体育中心周边的道路，以随意的线条结构，凸显着现代交通的实用性。

•**图4**：航行在首都机场起降航线上，远眺华灯初上的北京东三四环路网。

•**图5**：三亚市的道路曲线，成为连接夜晚城市的光影纽带，引导着读者的视线。

透视夜航机场运行

夜航机场运行：夜间飞行或跨昼夜飞行部署中的机场

照相设备的高感光度，为拍摄暗光中的机场减少了难度。黑暗中，机场的指示灯、航标灯、飞行灯……辉映着呼啸起降的飞机，流动的夜航灯与机场灯海，汇织成一个光怪陆离的影像世界。摄影师可以利用现场光和人为补光完成画意追求，把夜航的场面描绘成肉眼难以观察到的神奇影像。

图1

图2

图3

民航机场的灯光

夜航中的民航机场，航站楼和停机坪光照较强，照明灯、标示灯、导航灯、各种专用车灯、飞机灯，纷乱复杂，而跑道灯光较弱。

军用机场的暗光

军用机场夜航时，一般控制多余的灯光，机场几乎是漆黑一片。战机飞行灯在移动，夜航跑道指示灯在闪烁，只有战机降落时跑道探照灯才会短暂亮起。

延长时限的曝光

夜间拍摄完全可以开启慢速快门自由发挥，用无章法的移动拍摄、不规则的光影效果，创造出不可预知的陌生影像。参照拍摄城市夜景的模式，选择能够让镜头概括机场全貌的高山、塔台等制高点，用三脚架固定相机，少则几分钟、多则几小时长时间曝光。利用飞机、车辆的移动灯光，勾画出五彩缤纷的线条，并配合使用补光突出主体表现主题。

借用机场的流光

最大限度地调高相机ISO感光度，保持较高的快门速度，用机场流动的灯光拍摄机场设施。并跟踪高速运动的飞机，拍出强烈的动感效果。亦可用傍晚天空尚有一定亮度而夜航灯已经开启的短暂时间，拍摄清晰度较高的机场全景和局部。

图片说明

•**图1**：在机场附近的山上架起相机，用B门程序进行50分钟长时间曝光，待飞机滑进预期位置关闭快门。

•**图2**：战机在跑道探照灯光中降落，利用跑道灯和战机自身的灯光，拍摄战机降落拖出减速伞的瞬间。

•**图3**：夜航空降训练中，用动与静的对比，展现飞机与战士的运动关系。

•**底图**：陆军航空兵直升机在军用机场降落。

用好混合暗光照明

混合暗光照明：早晚昏暗的自然余光与灯光的合成光照

这是航摄城市夜景时经常运用的光线。由于完全暗下来的城市，许多建筑结构隐藏在夜幕中细节无法展现，所以利用天空残存的弱光和地面人工灯光的混合光，可以让我们刻画出一个层次分明、色彩丰富的航空影像。

混合暗光的短暂

天空余光出现在日出前、日落后短暂的时段。此时，地面灯光已经打亮，天光在短时内变化速度很快。我们利用低照度昏暗光线拍摄地貌景物，以展现景物局部细节的最低照度为限。

混合暗光的效果

空中俯瞰，华灯初上天空余光未尽，自然的残存光与绚丽的城市路灯、照明灯、标志灯、装饰灯互为补光，以蓝色调铺底，以黄红色的道路灯光为联络线，勾勒出地域轮廓，并连接起城市中心点，体现城镇结构和功能，凝结出有层次感、又有装饰性的画面。

混合暗光的色彩

日出前、日落后，地面昏暗的灯光和天空淡淡的余光虽然都是低照度光源，色温差别却很大，成像色调相去甚远。天空余光紫外线照射强烈，在镜像记录中呈浅蓝偏色，而灯光却是黄红色。这两种暗光的同时出现并不完全融合，呈现出一种特殊光效的大晚夜景效果。

▼图1

▲ 图2

▲ 图3

图片说明

•**图1**：天色很暗了，但天空余光依稀尚存，夜色的蓝调性笼罩着画面气氛，人物的轮廓在身披的彩色装饰灯辉映中，凸显了一对新人的倩影。

•**图2**：灯光的装饰作用，使清晰可见的码头上的景物更具有立体感。

•**图3**：利用天上一息尚存的余晖，让环境亮度与飞机航行灯光比接近，使画面出现了亮度的平衡。

•**底图**：天空余光打亮了机场跑道主体轮廓，跑道灯、航站灯交相辉映、装饰着拉萨贡嘎机场。

把握夜间灯火造型

夜间灯火造型：用人工灯光照明塑造夜色中的景物

随着摄影设备暗光中识别、聚焦和曝光功能的日益强大，夜间航摄的技术支撑已经解决。但是在黑暗中进行发现、锁定、聚焦、定格等操作，仍然比白昼摄影要困难得多。

航向意识的强化

夜间航摄，保障方向感非常重要，因为所有在地面做的策划预案，以及临空后航摄的位置和镜头的指向，都是以方向感为前提来识别的。所以，摄影师必须在地面明确方向坐标，升空过程保持明晰的方向意识，航摄中始终把好东西南北方位。

夜间目标的认定

夜间灯火照射下俯视景物，与白昼有很大区别，主要是层次感缺失，轮廓感加强。街道变成线条、建筑变成结构，人物变成黑点。摄影师必须按照目标位置和景物轮廓印象寻觅目标，确定航摄主要立面。

夜航飞行的调度

决定影像的建构和光影效果的关键，取决于飞行器临空后的实施调整。在光线昏暗的夜空中，飞行操纵相对困难，摄影师必须准确判断航向、高度和角度，并且用清晰干练的飞行术语向飞行员发出指令。

暗光曝光的控制

在夜空中俯瞰，地面的灯光局限在一定的区域中，分布不均而且强弱光比很大，往往超出了设备的宽容度限制，摄影师应该根据局部框取的亮度实时调整曝光，尽量不把感光度ISO调到最大极限，以保障画面噪点的出现。

▼ 图1

▲ 图2

▲ 图3

▲ 图4

图片说明

- **图1**：灯火装点着正在举办亚运会的广州市中心城区。
- **图2**：乘夜航班机经过哈尔滨冰雪大世界，用长焦镜头调取的精华部分景观。
- **图3**：灯光映照着燃起亚运圣火的广州海心沙主会场。
- **图4**：透过民航机的舷窗，用400mm长焦镜头调取夜色中的北京第一高楼及其周围环境。

第六章

Chapter 6

空天视角管控

空天视角管控的学术定义

空天视角管控：在航空航天大范围、全视角立体空间获取影像时，通过飞行器距离、高度、方位等要素的适用量化管理，达到视线角度对影像效果优化呈现的可行性规范。

精确管理俯视角度

管理俯视角度：权衡实施俯瞰程度的适度应用

摄影师升空后，都会被向下的视角所吸引，进入狂热复制“百度地图”式的垂直影像扫描阶段。但是，他们很快就会发现各种不同的被摄景物不能用统一的俯视视角去观察和表现。比如：头顶航摄建筑，很难表现高度落差；对下方航摄群山，很难表现纵深感，等等。

量化俯角的度量

航空俯角，按空中摄影光轴与铅垂线间的夹角，可分为三个幅度：180度向下俯瞰称为垂直俯角；90度以上倾斜俯瞰称为大俯角；小于90度的俯瞰称为轻俯角。这三个视角幅度的界定，是俯视程度的量化定位术语。

俯角控制的分析

好的摄影师不是一味强调无人机的大垂角俯摄，也不会开着飞机瞎转找角度。他们会借助俯视经验，对航摄目标场景有一个相对准确的预判，以预设航向、高度和角度进入现场，恰当地运用机动俯角优势，完成对景物塑形的理想立面截取。

合理立面的选择

摄影师应该乘飞行器升空，对地标俯视立面特点进行分析，运用近、中、远三个距离进行透视和低、中、高三个高度的进行观察，还要进行垂直角、俯视角、仰视角、滚动角和偏航角的全方位试拍。

目标高度的判断

进入航摄空域后，可以适当提升和降低飞行高度，让镜头恰到好处地包容括揽地标范围。注意不能把被摄景物框取得过紧，应该尽量把高度定位提升，使摄取目标景物的范围扩大，以便后期制作时进行合理剪裁。

▼ 图1

▼ 图2

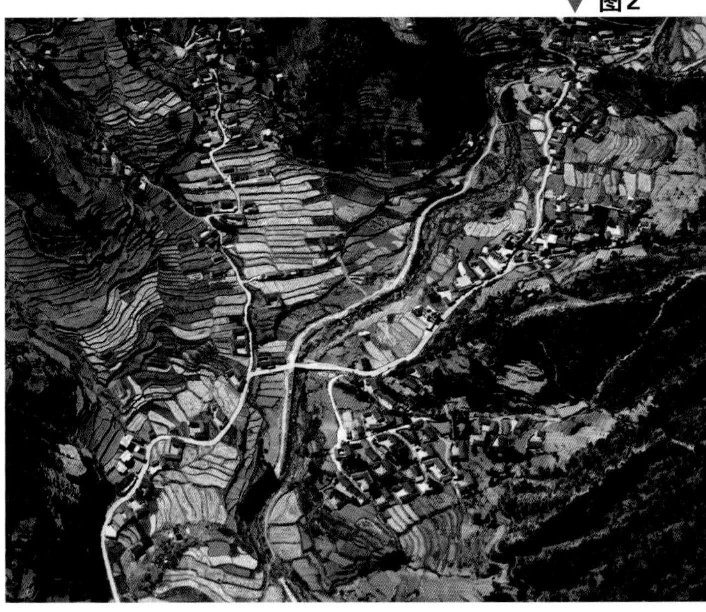

图片说明

- **图1**：垂直对地"扣角俯视"，使承德皇家园林的建筑失去了高度感而成为地图式平面结构。
- **图2**：高俯视角度，使四川大巴山地貌结构出现线性构成。
- **图3**：轻俯视角，空中对大纵深地标航摄，能够展现八达岭长城景物的立体感和纵深感。
- **图4**：斜俯视角度能够较好地表现北京天安门主体全貌和开阔场景的空间透视感。

▲ 图3

▼ 图4

强调对地垂直扣摄

对地垂直扣摄：180度垂角向下“扣图章式”框取影像

航空俯视角度，按其摄影机主光轴与地面铅垂线间的夹角，可分为：轻俯视角、大俯视角和垂直俯视角。笔者以为，任何带有角度的俯视方向，都不能与垂直观望的视觉魅力相媲美。笔者把这种垂直影像获取方式称之为空对地“扣图章式航空摄影法”，简称“扣摄”。

垂角俯视的优势

垂直俯瞰极大地改变了人们的视觉习惯，拓宽了人类的视野范围，使我们得以用崭新的视角观察完全陌生的景象。这种垂直视角“扣摄”，对于刻画和表现局部地貌环境、建筑群落、地理结构等，具有独特的视觉效果。

扣摄表现的局限

绝对的垂直俯视，会使山脉、高楼、云层……失去高度落差，削弱壮观的气势。也会因看到的尽是山顶、屋顶、塔顶……缺乏立体的视觉效果。

垂直扣摄的要点

镜头与大地呈180度垂角，飞行器与景物相对运动速度较快，视野范围较窄。低空拍摄有高度落差的地表景物，必须根据情况保持一定景深范围。多用斜角光线，让景物影子拉长，纹理和形状凸显，增加主体透视感及周边环境的关联性。

向下直视的恐高

乘坐没有外挂摄影装置的直升机垂直俯瞰，摄影师必须把身体探出舱外，这就要求尽力排除身体悬空时出现的恐高心理。笔者克服恐高的做法是：“用肉眼往前看，用镜头往下看。”飞机一边爬升，一边向外观察，心随飞机一起升，避免突然身处云端产生恐高反应。

图片说明

•**图1**：飞行中大垂角向下观察，摄影师容易失去平衡和定向能力，安全感会瞬间缺失。

•**图2**：垂直俯瞰街心，容易让摄影师产生漩涡式地心吸力把自己吸进无垠之中的错觉，从而产生强烈的恐高感。

•**图3**：垂直俯瞰，天寒地冻的哈尔滨机场成为一幅平面结构图。

•**底图**：垂直俯视水牛群前进的轨迹显而易见。

图1

图2

图3

掌控目光凝点定位

目光凝点定位：注视目标的视觉凝聚位置确立

空天摄影的机动视点，应该是镜头面对的被摄主体。在空天视界复杂环境中那些动态的、固态的、有形的、无形的被摄物体中，摄影师的视点往往会受到来自多方面的干扰，如何准确锁定固定视点、有效控制移动视点，合理分配多个视点，成为空天摄影机动视点运用的重要基本功。

视点锁定的本领

视点锁定本领：通过镜头关注的聚焦位置。

空天摄影，是在自身机位移动和现场物体移动的相互交错中寻找视点定位的过程，摄影师的目光锁定是空天移动摄影的基础。优秀的摄影师在空中只要发现目标景物，就会迅速框取并聚焦锁定，任凭自身机位和被摄物体如何运动、相对态势如何变化，聚焦视点始终稳固不变。

视点失控的病态

视点失控病态：通过镜头注视的聚焦界面游离不定。

这种发生在复杂航空环境中的视点失态，往往是由于机位和现场目标的实时移动，使物体态势、相对位置和影像元素产生变化造成的。加上摄影师受到现场混乱状况中多种因素的干扰，出现视线无所适从、聚焦点游离不定的状态。这种情况必须加以重视和矫正，经过实践磨砺逐渐克服，一旦形成习惯性视点游离就很难去除。

视点发散的功力

视点发散功力：面对多批目标和复杂元素的目力分配。

航空视觉环境是复杂的，摄影师需要具备同时观察分析重要目标和多批目标的能力。还要发现处理突如其来的移动目标或稍纵即逝的凸显目标，这就是“一只眼、多视点”的视觉发散功能。当然，在按动快门获取决定性瞬间之前，应该迅速将视线聚拢于最终选择的景物关注点上。

▼ 图1

▲ 图2

▲ 图3

▲ 图4

图片说明

•**图1**：虽然是杂乱无章的多视点构成，但是固定的相对位置，一定的视线距离，使摄影师的视点定位并不困难。

•**图2**：几十架武装直升机在楼宇中进行战术机动，多批次的移动目标造成混乱的场面，考验着摄影师视觉发散式观察选择的功力。

•**图3**：在飞掠西藏复杂的地貌环境过程中，摄影师把注意力定位于眼前阻挡江面流淌方向并造成雅鲁藏布江大转弯的山岭上。

•**图4**：注视远方云层中民航班机进入视野，把它定格在画面适当的位置上。

保持空天方向意识

空天方向意识：机动飞行中摄影师对所处方向的感觉

方向感，是摄影师空中辨识地标景物的直觉基因，涉及个人的记忆力、空间感和掌握方向判断技巧的熟练程度。许多飞机上没有给摄影师配备专用水平仪、高度表、指北针等仪表。因此，摄影师只能依靠经验和本能，感知和辨识航向以保持明确的方向感，这是空中识别地物方位的重要依据。

注视航向的变化

注视力，是指摄影师观察力的强化。方向感的形成应该从地面开始，首先认定飞机向哪个方向起飞，盯着地表景物的变化，任凭飞机升空过程和飞行中如何盘旋转向，不间断地对方向进行判断，才能始终保持一个清醒的方向感。

重心偏移的体味

离心力，是飞机转向时人体产生的重心偏离。摄影师可以根据离心力的大小以及飞行倾斜度的大小，感觉出飞机转向的大小，从而对航向变化有一个大概的估计。

航向辨识的参照

参照物，是摄影师找到和保持方向感的基准。太阳的光照方向、房屋的建筑方向、河流的流动方向等，都是准确地辨识地物空间关系的参照基准，摄影师应该养成通过地物投影方向“找北”的习惯。

调整掉向的诀窍

失去方向感俗称“找不到北”，会造成摄影师空间关系认知混乱，对位置和顺序判断失误。任何人在空中转几圈都会“掉向”。关键是摄影师根据地物参照或飞行人员提示，能够快速准确地从“掉向状态”中矫正过来，找回自己的方向意识，这是摄影师必须具备的本事。

图片说明

• **图1**：随飞机起飞过程中，始终要对外观差并体会方向变化，保持明晰的方向感。

• **图2**：大城市的主要街道一般都是东西南北方向明确，北京城的环路就是这样，在空中只要注意观察就会出现明确的方向感。

• **图3**：在空中观察，高大的烟囱在阳光照射中阴影清晰可见，既是方向标又是风向标。

• **图4**：大型建筑群的主立面一般都会朝南，空中可参照这些建筑的朝向。

▼ 图1

▲ 图2

▼ 图3

▼ 图4

运用空天全向视角

空天全向视角：借助航空器运动获得全方位视觉界面

随着航空摄影的广泛应用，航空器成为大众观察世界、获取影像的机动支撑。人们说航空航天为人类提供了“上帝视角”，它是指“俯瞰视角”。它并不全面，因为航空摄影为我们提供的不仅是俯视功能，而是全方位观察世景的立体视角。

全向视角的分类

空天全向视角的分类依次是：仰视、斜仰视、平视、轻俯视、斜俯视、高俯视、扣视(垂直对地俯视)。

▼ 图1

高俯视角的局限

当下出现了俯瞰视角的滥用现象，许多人为了炫耀“神仙视角”，无论啥题材一律“开着飞机高俯角向下看”。但是，人类传承的观察习惯和表现形式告诉我们，不是任何景物、事物都适合从上向下高俯角观察，因为存在观赏的局限与死角。因此，“头顶上看世界”只能作为影像表现的视角补充。

全向视界的包容

航空航天器的机动飞行，加上摄影镜头的自由指向，为空天摄影架起了立体观察的万向平台。确切地说：空天摄影解决了摄影师观察世界、获取影像的“自由视角”。离开地表束缚能够不受任何限制地把视线范围扩充到高点俯视、等高平视、低点仰视以及近距、中距、远距的广阔立体空间。

全向意识的施展

航空航天器托举产生的自由视角已经成为影像表现的重要形式。摄影师的影像创作思维中，也应该形成相应的机动视角的“万向意识”，把空天摄影的视角范围立体化。根据不同题材的影像表现需求，让空天机动优势成为渲染主题的视角精准保障，使之成为影像纪实和艺术表现的万向视角平台。

▲ 图2

▼ 图3

▼ 图4

图片说明

- **图1**: 斜俯视角，航摄天安门广场重大节庆核心部分。
- **图2**: 高俯视角，远眺四川大巴山区的一角，描绘山村与环境的关系。
- **图3**: 轻俯视角，观察烟云缭绕的秦岭山脉，大气透视效果格外突出。
- **图4**: 垂直视角，航摄鄱阳湖湿地环境。

避免空天位觉迷失

空天位觉迷失：空中失去对自我方位的感知

在空天环境中，许多摄影师受到飞行的物理、生理或心理影响，自觉不自觉地进入晕头转向、不知身处何方的境地。其实摄影师是引导完成影像撷取计划的主体，位觉紊乱会导致整个航摄操作失去目标。

位觉迷失的成因

首先，摄影师对空天机动不适应，经不住加速、攀升、转向等系列动态的折腾，失去位置感。其次，大多摄影师认为调整空中位置是飞行员的事，对飞行元素不关心，迷迷糊糊地坐在机舱里等待进入航摄空域，这样很快就出现位觉紊乱，失去对目标的识别能力。

位觉迷失的危害

方向感迷失，无法主动寻找预定目标；姿态感迷失，无法保持影像的地平基准；高度感消失，造成角度、距离的判断错误；速度感紊乱，造成对景物凝结速度的失误；稳定感失调，陷入无法工作的恐高状态。

位觉迷失的预防

整个航摄过程，摄影师应主动感知自己所在的空间位置、前进方向、移动速度、身处高度以及与飞行有关的诸多要素。起飞时，不能闭起眼睛中断位觉的感受，应该时刻保持对飞行诸多变化的观察把控，并学会利用各种飞行仪表，保持明确的位觉意识。

▲ 图1

图片说明

•**图1**：摄影师在大幅度连续转向中会很快失去位觉。

•**底图**：飞机穿行在西藏高原的云雾山中，乘客很容易失去方向感和位置感。

快速驾驭机位变化

驾驭机位变化：摄影师自主控制飞行器空中位置的机动

机动，是空天摄影的优势所在。变化，应该是空天影像魅力的发生点。因此，摄影师应该随时调整自身心理和生理状态，及时发现机动变化中出现的航摄机会，实施摄影技艺的实操跟进。

图1

机动情景的变化

随着飞机的转向、爬升、俯冲等大幅度状态和轨迹的改变，被摄景物的光影再现、相对位置、透视关系、立面造型等视觉效果随之不断变化，意想不到的影像效果往往就出现在这变化之中。

身心应变的能力

机动飞行是视觉和身体感受最强烈的时刻。航速突快突慢，高度时升时降，方向时东时西，角度时转时停，俯角时大时小。摄影师保持神志清醒和身体平衡是摄影实操的前提。还要保持身体和精神放松，克服机动造成的恐惧心理，对抗过载造成的身心影响。

机动变化的应对

注意保持较高的快门速度，避免明暗光比超包容范围；注意长短焦镜头使用适当，以免更换镜头时贻误时机；注意向前看和全方位观照，以避免顾此失彼遗漏目标；注意飞行中多与机组人员沟通，以求得飞行员的配合。

图1

▲图2

图片说明

•**图1**：摄影师乘坐的航摄直升机从全速航行的军舰前方横插过去，相对交叉运动，使航摄角度在快速变化。

•**图2**：战机编队与自己乘坐的航摄飞行器之间的相对机动变化速度较快，应该恰当地截取它们之间位置变化的瞬间。

•**底图**：选择铁路线与图片边沿形成较大角度的瞬间，表现航摄飞机与火车相对运动的幅度。

控制俯视景深效果

俯视景深效果：空中向下聚焦时景物的前后清晰范围

控制俯视景深，就是通过对摄影要素的调整，把握向下看时被摄景物的清晰范围。初涉航摄领域的摄影师往往忽视景深的存在，当对航空影像有更高要求时，景深要求就会成为影像效果的重要元素，如何达到景深要求成为不容忽视的技术控制。

景深效果的控制

景深与镜头光圈大小有关，光圈越大景深越短。景深与镜头焦距长短有关，焦距越短景深越长。景深与被摄距离远近有关，距离越远景深越长。景深与画面中主体景物的前后清晰范围有直接关系，航摄中可为突出主体而减少景深，或为景物清晰而加大景深。

低空景深的控制

低空航摄角度多属相对平视，景物前后排列，景深影响较大。应根据离景物越近景深范围越浅、反之越大的原理，调整快门速度与镜头光圈组合，达到图像清晰范围的效果要求。

中空景深的控制

中空航摄多属轻俯视角度，景物前后纵深较长。应注意景深清晰范围，除特殊效果外，尽量保持镜头的较大景深，给画面以整体清晰的成像质量。

高空景深的控制

高空航摄目标距离较远，景别进入相机的“无限远”聚焦范围，地表高低落差消失，变成地貌结构平面图。因此，结像一般不会受到景深的影响。

俯视景深的预估

空天摄影不是每幅画面都需要最大景深。在从三维空间压缩到二维空间的过程中，需要用技术手段预先评估景深清晰范围，达到突出或削弱景物主体兴趣点的艺术处理。摄影师可以用相机景深预设器直接观察景深效果，亦可用摄影经验预估控制景深效果。

图片说明

•**图1**：在高空较大的俯视角度对地聚焦，因为距离远，高度落差和前后纵深消失，因此景深也失去了作用。

•**图2**：在高空对丘陵拍摄，无限远的距离俯瞰，地表失去了景深概念，影像成为二维空间的平面几何组合图案。

•**图3**：用400mm长焦镜头，把焦点对向南昌八一纪念馆及周围的楼群，因为景深范围不够，陪体楼宇结像稍有模糊。

•**图4**：为保持较大的景深清晰范围，把光圈由F5.6缩小至F11，取得了京郊高尔夫球场的大纵深视觉清晰范围。

•**底图**：广角镜头不光把视野扩大，同时也把雅鲁藏布江大纵深的场景推得很远，景深范围也大幅度扩展。

图1

图2

图3

图4

运用焦段透视变化

焦段透视变化：镜头不同焦距区段的特有透视结像效果

镜头焦距长短，除扩大和缩小被摄景别的概括面积外，还会对景物成像的纵深范围和视觉效果产生影响。在面对的自然形态立体空间中，通过不同焦段的镜头折射，物像的大小关系产生变化，会使画面出现不同的布局框架结构和距离透视效果。

标准镜头的视场

视场感觉与人们观察景物的视角接近，具有通光孔径大、清晰范围大的特点。航摄中，可以保持景物透视效果不变形，在光照不足时，可以开大光圈增加通光量。

广角镜头的夸张

视角广、景深长、景物纵深感延伸。航摄中，不宜受运动及晃动影响，可以极大地覆盖地标面积，保持清晰范围并使景物的空间距离拓展。

长焦镜头的压缩

压缩空间，景深缩短，使画面成分显得紧凑，产生剥离背景突出主体的效果。航摄中，长焦镜头对于每一个小小的震动都会被放大，镜头焦距越长感觉越强。航摄远距离景物时，雾气和尘埃会减弱反差和清晰度。

图1

图片说明

•**图1**：广角镜头居高临下航摄深圳楼宇，出现放射状倒伏现象，这是一种形象失真，应该避免或修正。

•**图2**：用400mm长焦镜头拍摄大纵深的深圳集装箱码头，把箱体吊车挤压在一起，间隔紧凑了，使码头集装箱的前后距离拉得很近。

•**图3**：用80mm中焦镜头航摄物体没有变形，接近于人的视觉习惯。

•**底图**：600mm超长焦镜头的空间压缩效果，改变了人们对空间的视觉认识。

▼图2

▼图3

同框现场参照物体

现场参照物体：目标区域中建立视觉定位的物象依据

读者在观赏航空影像时，往往无法理解天地间景物的大小概念、场景的纵深距离和面积大小等，这是因为在画面中缺少了一个重要视觉元素——参照物。

◀ 图1

大小比例参照

在浩瀚的大洋、田野、沙漠、山岭中找到房子、人影、树木等参照物，让人们对画面中的空间大小有一个具象的理解，避免把巍峨的大山看作小盆景。

纵深距离参照

许多航空影像无法表现空间纵深的距离感，我们可运用前、中、后景物的排列设置，形成比例参照关系，给观者一定的空间纵深估算。

物体运动参照

在空中，飞行物或鸟类等运动物体无法表现出动感。我们可以把周围的山、云、车船、飞机等当作参照物，与飞行主体形成运动参照，拍出虚实结合的动感影像。

水平稳定参照

景物没有参照就没有平衡感，飞机或鸟类飞行物没有水平参照就看不出飞行姿态，飞行难度就无从谈起。画面中出现一点地面建筑或天地线，就会把飞行角度反衬得清清楚楚。

▲ 图2

▼ 图3

▼ 图4

图片说明

•**图1**：特技飞行的运动型飞机，因为有地面山体的水平参照，其飞行姿态一目了然。

•**图2**：虽然道路弯弯曲曲，但是有了居庸关地面建筑的参照，给读者以稳定的视觉基准。

•**图3**：因有现场建筑和人影的参照，地域环境面积的大小、飞机的倾斜角度，以及地平的视觉稳定问题迎刃而解。

•**图4**：受纷乱的海浪干扰，在俯视环境中容易出现天翻地覆的错觉。

第七章

Chapter 7

空天俯瞰历练

空天俯瞰历练的学科定义

空天俯瞰历练：以机动飞旋于空天间的航空器、航天器为高度平台，经过艰苦的实训历练，适应空中的视觉环境，取得俯视习惯和俯视经验，从高处获取颠覆视觉常态的、反视场习性的俯瞰镜像凝结的练习过程。

历练俯视跟踪能力

俯视跟踪能力：目力对下方移动目标持续锁定的功夫

对移动目标的敏感以及快速反应能力不是天生的，需要经过艰苦训练逐渐生成。单靠有限的飞行专业训练是远远不够的，应该在日常生活中寻找常见的运动物体作靶标，增加针对性跟踪摄影实践历练机会，练就强于常人的眼力和功力。

追摄虫鸟练目力

在屋里寻觅神出鬼没的小苍蝇，在户外紧盯毫无规律乱飞的麻雀。注意，看一群鸟或昆虫飞舞并不难，长时间盯住其中一只就困难了。

抓拍飞禽练追摄

在直升机上紧盯逐浪的海鸥、惊飞的野鸡、翱翔的老鹰……用长焦镜头将其在取景框里放大。然后，跟踪观察那速度惊人却毫无规律的飞行轨迹，这的确很累却很锻炼眼力。

跟踪车流练跟踪

笔者常站在俯视车流的高点位置，手端相机在混乱的车流中确定一辆汽车、一个骑车人或一个行人为目标，对焦锁定之后用1/20秒以下极慢速度跟踪拍摄，并逐渐降低快门速度提高拍摄难度，这是经济而有效的练习方式。

图片说明

- **图1**：跟踪特技飞行表演做无规则飞行，锻炼跟踪摄影的技艺。
- **图2**：面对科研试飞高难超低空飞行的战机，要保持平静的心态，以跟踪抓拍呼啸而来的飞机。要保持慢速快门速度，以表现飞机旋翼的动感。
- **图3**：在海滨追踪飞速航行的快艇，是最好的历练方式。
- **底图**：在航摄飞行中笔者经常拍摄移动目标，锻炼跟踪拍摄动体目标的能力，这是用长焦镜头调取野鸭。长焦镜头跟踪调取毫无规律飞行的一只野鸭很难，而拍摄一群野鸟却很容易，只要选取鸟集中的部分，按下快门就行了。

图1

图2

图3

增强距离观测能力

距离观测能力：飞行器与物体间相距尺度的视觉判定

目前，用于航摄的有人驾驶航空器，与物体距离远近的判定，仍然以目力观察和相距感觉为基础，飞行员和摄影师自主识别操纵。因此，准确的距离测算成为航摄框取和飞行安全的重要保障，并作为航摄的基本功加以强调。

心理间隔的误差

摄影师应该注意，在大千世界眼花缭乱的实景遥摄中，受光线变化、透视关系、视觉角度、心理感受、植被色彩等客观因素干扰，以及现场气氛的影响和实景物像的吸引，经常会出现急切心理和兴奋状态，直接或间接导致对被摄物和障碍物的间隔距离产生误判。

取景观察的影响

由于镜头焦距长短透视的变化，摄影师通过取景器对景物的空间距离观察和实际距离误差较大，与操纵飞行器的飞行员的判断亦有差别。航摄操作中，摄影师看重的是影像效果，并不顾及航行中的飞行要素，这些误差往往通过机内通话误导驾驶员。

确保飞行的安全

在航摄飞行中，摄影师应该成为飞行安全的“第三只眼睛”，特别是在突发事件和复杂环境航摄时，应该随时把自己发现或预感的物体危险报告飞行员。比如：“小心，左前50米有高压线！”“注意，右后200米发现无人机。”

比例参照的作用

飞行中，摄影师应该采取取景器观察和目力直视相结合的观测方式，参照视场中景物的前后纵深和大小比例形成的距离，给飞行员一个相对明晰的距离要求。对于没有明确参照比例，无法产生距离概念的大面积水面、墙壁、天空、草原等场景，要慎重发出具体的远、近、高、低指令，给飞行员一个宽松的回旋余地。

图片说明

•**图1**：在调查取证式的跟踪飞行中，摄影师不能只顾拍摄，必须把安全飞行距离放在心上。

•**图2**：为了准确判断距离间隔，摄影师应该离开摄影机目镜，用肉眼观测距离。您瞧，在长焦镜头里这两架战机座舱之间的距离间隔完全消失了。

•**底图**：从长焦镜头中观测，5架机动滑翔伞的间距是不准确的。

图1

图2

强化空天俯视经验

空天俯视经验：从飞行器上向下观察的习惯和功力

人类不具备从空中向下的俯视能力，因此在张家界玻璃栈道上或上海世贸中心128层高楼观光厅，就会出现头晕目眩腿发软等恐高反应。因此，空天摄影师必须进行刻苦历练，才能强化登高望远和空天俯视经验。

俯视发现的能力

空中俯视，角度和距离使人物形体景物落差产生变化，从而大幅度改变了摄影师的视觉认知习惯。摄影师应该在升空后通过观察，适应这些变化规律，以便在俯视中发现更多的地面动态。

远方景物的辨识

在空中，摄影师应向前方俯视瞭望，对宽广的环境视场产生直觉，对纵深尚不清晰的景物进行先期估判，决定该拍还是不拍，以赢得一个短暂的心理和器材准备时间。

空中识别的要点

俯视使景物与环境关系变得陌生，摄影师应该根据环境和地标特点识别预定目标。在运动中辨清自己与预摄目标景物的相对位置，观察最佳俯视立面，并调度飞机进入理想的拍摄位置。

俯视造型的选择

在空中俯视大地只会在局部出现一些特点，摄影师让目光跟着变焦镜头一起推拉伸缩，滤掉混乱无序的景物，从繁杂的地物地貌里提炼简约的画面构成，完成对俯视影像的简化取舍。还要对景物受光的俯视方向进行价值判断，选择最佳光塑造型角度，以期达到突出主体烘托主题的影像效果。

图片说明

•**图1：** 这是事前策划好的一次任务航摄，飞行员对准航向，摄影师只需要在飞机准确到达建筑正立面时按下快门。

•**图2：** 在飞往天安门广场的航路上，摄影师透过直升机舷窗向下俯视，在确认国贸桥的同时发现了航空工业集团大厦。

•**图3：** 经过反复盘旋观察，摄影师把航空博物馆的前门部分作为标志性拍摄立面。

•**图4：** 摄影师乘直升机从广东惠州起飞，在汕尾市海滨复杂的地理环境中，发现并航摄了观音塑像和观音庙。

▲图1

▲图2

▲图3

▶图4

优化视场能见程度

视场能见程度：与可视条件有关的所有飞行要素

能见度是空天摄影的根本，航空飞行中摄影师能够见到的才能拍到。虽然可视条件是客观因素造成的，比如：黑暗、遮挡、雾霾、云雨等等，但是在遵循客观自然规律的基础上，我们可以通过努力创造有利于航摄的能见要素，从而使飞行现场的可视条件得到尽可能的优化。

气象条件的改变

摄影师不可以改变气象条件的优劣、地貌环境和地标建筑的移动来提高透视效果和可视能见程度，但是可以通过人为改变航摄时间、争取好的气象条件和光线照度，完成预期的影像效果。

距离远近的改变

摄影师无法驱散影响能见度的雾霾，使云雨变晴天……但不等于无法消除雾霾对能见度的影响。摄影师可以通过接近被摄地标景物的方式，让更近的距离排除雾霾对能见度的一定影响。

升降机动的改变

摄影师无法移除遮挡镜头的山脉、建筑、植物等物体，但是可以通过飞机机动飞行，避让这些障碍物。或者利用飞机的升降改变航摄高度，获得适合的俯视角度，或者通过改变航线避开影响拍摄的建筑物。

▼ 图1

▼ 图2

图片说明

•**图1**：用长焦镜头拉近长白山主体，提高肉眼对远处景物的识别能力，白雪清晰地勾勒出陡峭山脊的走向。

•**图2**：两架涂着山野迷彩的武装直升机，潜伏在雅鲁藏布大峡谷中，肉眼很难识别发现。

•**图3**：运用无人机的移动，以及机体与环境的色差增强可视条件，保障对无人机与障碍物之间的距离监测。

•**图4**：选择黄河最清晰的河道，使之在画面中呈对角线构成。

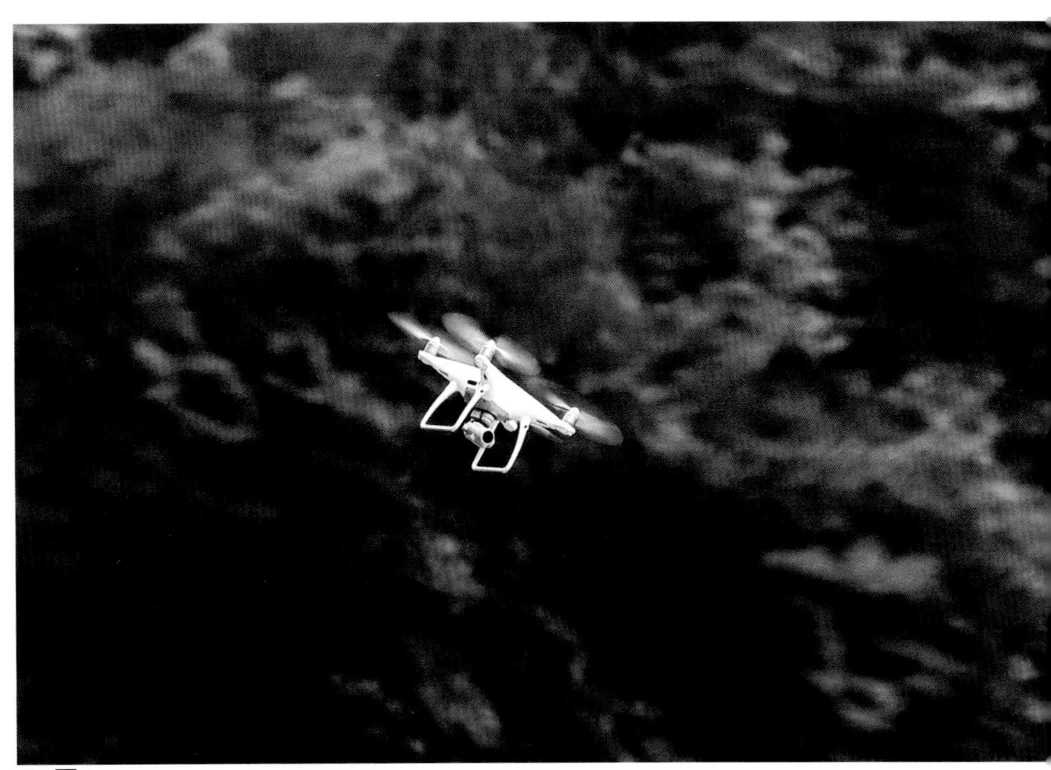

▲ 图3

▼ 图4

抑制机动飞掠刺激

机动飞掠刺激：飞机与地表互动时摄影师产生的身心反应

这种刺激通常出现在低空航摄作业中。飞机与地表相对运动，摄影师眼前的景物高速飞掠，产生的视觉冲击刺激着神经中枢，使之出现强烈的心理和生理反应，直接影响航摄操作的准确性。

视线角度的狭窄

低空或超低空飞掠使摄影师视线角度变小，观察范围大幅度削减，直接影响对地标全貌的观察把握。因此，需要摄影师经常提醒自己注意抬头观照整个场面，有效地把握全局并且不丢掉细节。

判断能力的欠缺

低空飞掠，地面景物与飞机角速增大，摄影师瞬间取舍判断能力变差。应特别注意保持清醒的意识，避免摄影操作顾此失彼，出现低级错误和“错、忘、漏”现象。

精力体力的消耗

低空飞掠，地面景物大角度向后闪过，会使长时间透过镜头观察的摄影师产生应激紧张和视觉疲劳，导致注意力范围狭窄。摄影师要摆脱瞬间出现的视觉定向困难，避免滤掉预定目标景物。

反应时间的短暂

低空飞掠，目标地域留空时间短，摄影师发现目标和对景物感知的仓促。摄影师应注意决定性瞬间核心地标的框取，以及用光、取景、横竖裁切等艺术表现形式的把握。

延时时长的加大

低空飞掠，肉眼看到景物后转到大脑做出拍摄决断，大脑再发送信息给肌肉操纵相机，相机机械做出响应，综合计算最快需要4秒钟。在高速运动中，被摄景物的相对位置在延迟时间里会发生很大变化，摄影师必须增加拍摄提前量和敏捷性。

图片说明

•**图1**：歼击机超低空飞行需要保持一定速度，与地表相对角速很大，我们必须时刻保持方向感和地标定位。

•**底图**：贴近地表飞行景物高速后掠，给摄影师视觉和操作带来障碍。截摄呼啸而来擦身而过的战机，应该在对抗离心重力的同时，加强对外观察，简化思考、选择、定夺的程序过程，尽量多按快门进行有效闪摄。

▶ 图1

矫正应急操作失误

应急操作失误：高负荷激动状态中造成的技术错误

空天摄影任务往往关系重大、责任重大，飞行和摄影操作也非常复杂，需要处理的信息量不断增加，导致摄影师承受的心理压力越来越大。当面临超出适应能力范围的工作负荷，就会造成反常态的应急效应现象，使摄影师难以保持理智和正常状态合理完成各项航摄操控程序。

应急反应的危害

应急反应状态并非都是坏事，适宜的应急反应可以激发生理和心理能量。但是，过度应急反应会产生视野狭窄；注意力分散；犹豫不决；思维困难；摄影操作程序性减弱；肌肉颤抖不能自控；语速过快、过慢、结巴；反应迟钝准确性低；省略和遗漏程序；麻木僵化以致行为失控等负面状态，使摄影师操作绩效遭到破坏。

应急实操的失误

不能因为空中俯视视觉冲击产生情绪亢奋而让随机出现的兴趣点干扰预定的航摄计划，忘记重要目标留空时间的合理分配，使航摄的主题内容出现疏漏。要尽力克制浮躁心理的蔓延，不能放纵情绪激动造成思维混乱，忘记飞行协同、高度要求、进程控制、光线运用、角度选择等诸多航摄要素的掌控。

应急失误的矫正

空中飞行，光线照度的变化幅度很大，要随时注意相机的感光报警提示，避免曝光过度或不足。不能因为视觉感受强烈而过度兴奋狂按快门，造成死机或过多占据储存空间。必须抑制亢奋情绪，限制使用高速联动快门并节制按动快门。保持在关键时刻有足够的相机电池、储存容量。不能忘记对横竖构图的判断分析、景别预测、更换镜头焦段、正确取舍景物。

应急激动的抑制

拍摄难度高、责任大，会使摄影师精神过分紧张造成反应迟钝。笔者的做法是：调好相机设置，反复做好操控程序演练，不急于进入拍摄操作，刻意分散注意力，以保持精神松弛，等到倒计时启动时即刻端起相机进入拍摄状态。

▼ 图1

▲ 图2

图片说明

•**图1**: 直升机低空飞掠中,给摄影师造成强烈的视觉刺激和心理压力,使航摄成为一种超常规的工作状态。

•**图2**: 火箭点火瞬间,随着强大的声波气浪,强大的感官刺激使摄影师瞬间失去操作意识,只知按动快门必然造成局部过曝失误。

•**图3**: 战机超低空飞掠中,摄影师受感官刺激容易出现应急反应。

▼ 图3

克服低空航摄难点

低空航摄难点：飞机贴地飞掠中的摄影操作难度

摄影师乘航空器超低空飞行，为创造最佳影像效果提供了近距俯视飞行平台保障。但是，目前我国用于航摄的飞机，大多在低空不能悬停，必须保持一定速度，高度越低要求航速相对越快，这就给摄影系列操作带来诸多难点。

低空飞行的难度

超低空飞行，视角窄死角大，给飞行员操纵驾驶飞机带来困难。雷达扫描死角大，给塔台指挥引导保障带来困难。空气密度大，油耗大，续航能力及活动半径缩短。相对运动速度快，操纵飞机时间紧凑，动作连贯，观察仪表时间短，飞行数据保持困难，飞行员体力消耗大，容易因疲劳产生错觉。由于地形地物影响，机动能力受限，仪表误差增大，出现特殊情况处置时间短，飞行安全系数小。

低空瞭望的限制

低空航摄，视角变窄，瞭望距离受限，观察地面的能见范围变小。受飞机舱门舷窗的视角限制较大，不容易看清扑面而来的陌生环境，难以发现亮点触发灵感。

低空聚焦的难点

低空航摄，景物后掠速度加快，相机操纵跟不上拍摄意识的快速反应要求，用取景器观察取舍景物变得异常困难。飞机与地面相对运动的角速大，识别地标的时间短，难以辨清目标景物与周围环境的相对关系，发现和识别地标景物的时间短暂，聚焦景物的难度加大。

身心失调的后果

低空航摄，飞行速度大安全系数下降。呼啸飞掠的情景对摄影师视觉的强刺激，造成精神状态变化：神经过度紧张，容易产生激越情绪进入亢奋状态，瞬时脑子出现空白，一个劲地只顾按动快门，无暇顾及拍摄效果和任务目标。最终，因体力消耗和视觉疲劳造成晕机，出现摄影系列技术操控失误。

▲ 图1

▲ 图2

图片说明

•**图1**：超低空飞掠舰艇编队上空，飞机与军舰相对运动较快，摄影师把快门速度提得很高，尽力把握完美的画面构图。

•**图2**：乘歼击机超低空飞行进入地形复杂的高密度居住区，地标高速后掠，飞行员和摄影师都神经高度紧张，来不及对地表进行观察。

•**底图**：超低空飞行中摄影师的视角狭窄，有效把握拍摄瞬间的能力减弱，视角变化极快，瞬间观察、选择、定格难度很大。

航空心理品质培养

心理品质培养：航空环境中的心境健康标准

无人机遥摄摄影师应该具备与飞行员一样的心理品质。诚然，无人机不是真正意义上的载人飞机，不必苛求超强的心理品质。但是，必须了解飞行员优秀心理品质表现的主要方面，并以此为标准找出自身心理现状存在的差距，以便进行针对性的训练提高。

飞行心理的品质

具有较强的空间认知能力、肢体协调运动能力、多方信息反应能力，超强的记忆能力、思维决策能力、注意力分配和转移能力。还要具备较好的性格稳定性、情绪稳定性，较高的操作动作精确性、多向思维灵活性以及承受严酷飞行环境的坚韧性等等。

航摄心理的品质

在系统的、动态的无人机飞行环境中，大强度、高负荷的工作状态下，摄影师应具有反应能力、观察能力、思维能力，操作能力、综合信息处理能力，以及面对危险作业的心理承受力和耐受力。

克服浮躁的情绪

随着无人机遥摄紧张繁杂的实施进程，总有一种潜在的浮躁情绪给摄影师遥摄操作造成干扰和破坏，导致摄影师承受的精神负荷越来越大，难以保持理智和正常状态，完成各项航摄程序。

解脱紧张的状态

意识到自己不正常的心理状态，应该摆脱精神束缚，自我解压放松情绪。关键时闭上眼睛抛开杂念，晃晃脑袋、捏捏额头，设法找回自己的平常心和自信心。把思绪转到工作上，注意宏观把握和运作环节，时时提醒自己掌握遥摄要素。

▼ 图1

图片说明

•**图1**：在比赛或表演中，面对情绪热烈的人群，摄影师最易受情绪影响。

•**图2**：在超低空飞掠中，摄影师极易出现应激情绪，过度兴奋而导致情绪失控。

•**图3**：在进行危险性较高的调查取证遥摄时，摄影师在精神负荷压力下，容易出现意想不到的低级错误。

•**底图**：在执行高难航摄任务中，摄影师应保持平静的心态，避免垂直观察涡旋运动物体以致产生晕眩反应。

图2

图3

乘坐高铁体验飞掠

高铁体验飞掠：利用列车飞驰模拟感受掠地航摄

高铁列车行驶时速在250千米/小时以上，相当于直升机的巡航速度。高铁路基一般高于地面10米至30米以上，乘坐行驶中的列车向外观察，距离100米之内的地面属于轻度俯视角度，有直升机贴地飞掠的视觉效果。

生理机能的感受

在离地10米以上高度的路基和车体之上，以300公里时速行驶，人的裸视角度越低，路基与列车相对交错速度越快。普通人注视飞掠而过的地表2分钟后，就会产生视觉恍惚的生理反应，5分钟后感觉晕眩并发生呕吐现象。摄影师经过长时间适应低空飞驰环境的锻炼，会有效增强航空运动观察能力。

方向变化的特点

前侧：迎着列车前方向下俯视观测，景物扑面而来急速闪过，留给摄影师判断和识别的时间极短。后侧：背向前方的俯视观测，所有景物反向驶离迅速缩小消失，景物掠过时间相对较长，易于追随抓拍目标。横向：镜头正对车窗前方，物体闪过速度风驰电掣，摄影师很难辨识闪过物体为何物，因此必须从前方瞭望产生预知，再在横向视段中定格截取。

物象凝结的效果

在列车飞驰中，以正横方向掠过速度表象最快，以前侧和后侧方向显示较慢。在正横面凝结定格掠过的景物，必须把快门增至1/6000秒以上接近极限速度。若采用慢速快门拍摄，用1/200秒以下的速度，就可以使景物出现虚实变化。只要镜头焦点对向相对远距的景物，就会出现远清近虚的画面视觉效果。

▼ 图1

▲ 图2

图片说明

- **图1**：快门速度提至最高，可固定高速飞略的途中景物。
- **图2**：用1/30秒慢速快门，从飞掠而过的绿植缝隙中拍下城市的局部小景。
- **图3**：飞速经过停滞在远方的列车，用1/30秒的慢速快门，焦点对向列车，就可拍出前虚后实的动感效果。

▼ 图3

陆地高点模拟航摄

高点模拟航摄：登上陆地高处进行仿真航摄训练

航空摄影师需要亲临航空环境取得俯视经验，但是航空摄影成本很高，升空的机会再多也要珍惜。笔者建议进行低成本的模拟训练，就是摄影师登临高楼、高塔、高山等制高点，置身于升空环境，用足够的时间进行有针对性的摄影操作训练，并体会和适应居高临下的感觉，锻炼航空摄影需要的俯视能力和身心素质。

俯视习惯的训练

俯视影像对初学者来说是非常陌生的，甚至是充满恐惧的。因此应该身处制高点的模拟空中环境，多向下观察，多体会思考，找出规律性的特性，形成俯视习惯，继而获得俯视经验，让空中鸟瞰习以为常。

大气透视的训练

站得高看得远，高度带来了视野的开阔和纵深感的拓展，初学者容易在强烈的视觉感受中顾此失彼，变得茫然不知所措。要熟悉大视野的俯视环境，发现大气在不同光照条件下的自然透视规律，以及它所产生的视觉效果。

取景观察的训练

肉眼观察和取景器观察是有区别的，身处高处的摄影师应该套上取景器，采用变焦镜头的观察框取选择，让面前偌大的俯视空间出现一个个局部的兴趣点，这是现场选景的高效训练方式。

疏解恐高的训练

人们突然身临无遮无拦的制高点，会出现强烈的恐高反应，这是人类生理缺陷造成的，它会侵害人体所有的功能，是航空摄影最大的破坏力，摄影师必须经过训练，适应空中的工作状态。训练的方法是，在出现恐高反应时，强迫自己离开高度的困扰，全身心投入摄影操作，让航摄任务负荷心理冲击恐高心理，经过模拟空中环境的反复训练，就会找到疏解的方法。

图片说明

- **图1**：摄影师站在上海世贸中心大楼的顶层，模拟夜航拍摄灯火中的浦西楼宇。
- **图2**：摄影师站在制高点模拟航摄湖边的轻舟。
- **图3**：在险峻山峰上体验俯视的感觉，河北狼牙山主峰建在绝壁上的观景台，是锻炼恐高的好去处。
- **图4**：摄影师站在神农架原始森林的高处，向下俯视云海，模拟寻找航摄俯视感觉。
- **底图**：这是摄影师站在上海世贸中心128层417米顶楼上，模拟航摄的日落浦西市区。

▶ 图1

▼ 图2

▼ 图3

▼ 图4

注意拍与看的差异

拍与看的差异：空中看见的与拍下来的不同效果

无论照相器材是否达到或超过人眼的功能，无论摄影师如何努力追寻现场纪实的影像真实，人的主观愿望与机械记录之间，空中视觉感受与相机还原之间，永远存在着一定的差异。空天摄影师必须发现和了解这些差异，以便掌控相机记录的最终影像结果。

视觉暂留的差异

肉眼观察动体很难辨清其运行轨迹、质地结构及瞬间动态等。只有相机抓拍并使影像定格，才能清晰地观察分析这些细节。在空天摄影的高速机动中，肉眼可以凝聚运动物体，并感觉到它的速度，而图片摄影却很难从静止画面中完全表达这种动感。

光感包容的差异

人眼可以包容反差很大的光线，而照相机目前却只有一定的宽容度。在飞行中记录光比很大的影调，会出现不足或过度的部分。当今照相设备已超越肉眼的分辨能力，无论是距离、弱光还是雾障，先进的摄影器材将日趋拓宽人类目力分辨的局限。

色彩辨识的差异

肉眼观察到的色彩范围与镜头记录的影像色域，存在着一定的色差。20世纪，摄影师用滤光镜改善影像的色彩和反差。如今，可以在后期色彩处理中调整。

透视比例的差异

距离使景物产生诸如近大远小、近艳远淡、近清远糊等透视变化，而相机镜头则会用透镜的折射规律改变这些透视效果。在空中看上去很小的目标，通过长焦镜头拍下来，就会放得很大。许多景物由于俯视角度、透视距离、光影夸张等航摄要素制约，导致影像比例失调。

▼ 图1

▲ 图2

图片说明

•**图1**：经过镜头的再现，影像都会因焦距透视改变实际的距离。镜头记录的这座上下两层的桥梁，重叠在一起没了距离感。

•**图2**：相机可以把瞬间消失的飞机定格，永远截留在平面影像中。

•**图3**：肉眼很难辨别快速飞掠物体的影像细节，只有对定格的影像解读，才会看清这架舰载机座舱飞行员。

•**图4**：相机记录和肉眼观察的最大差异是比例感，偌大的长江和战机编队被框取在画面中，失去空旷感、纵深感和浩瀚感。

▶ 图3

▼ 图4

第八章 Chapter 8 空天画意传承

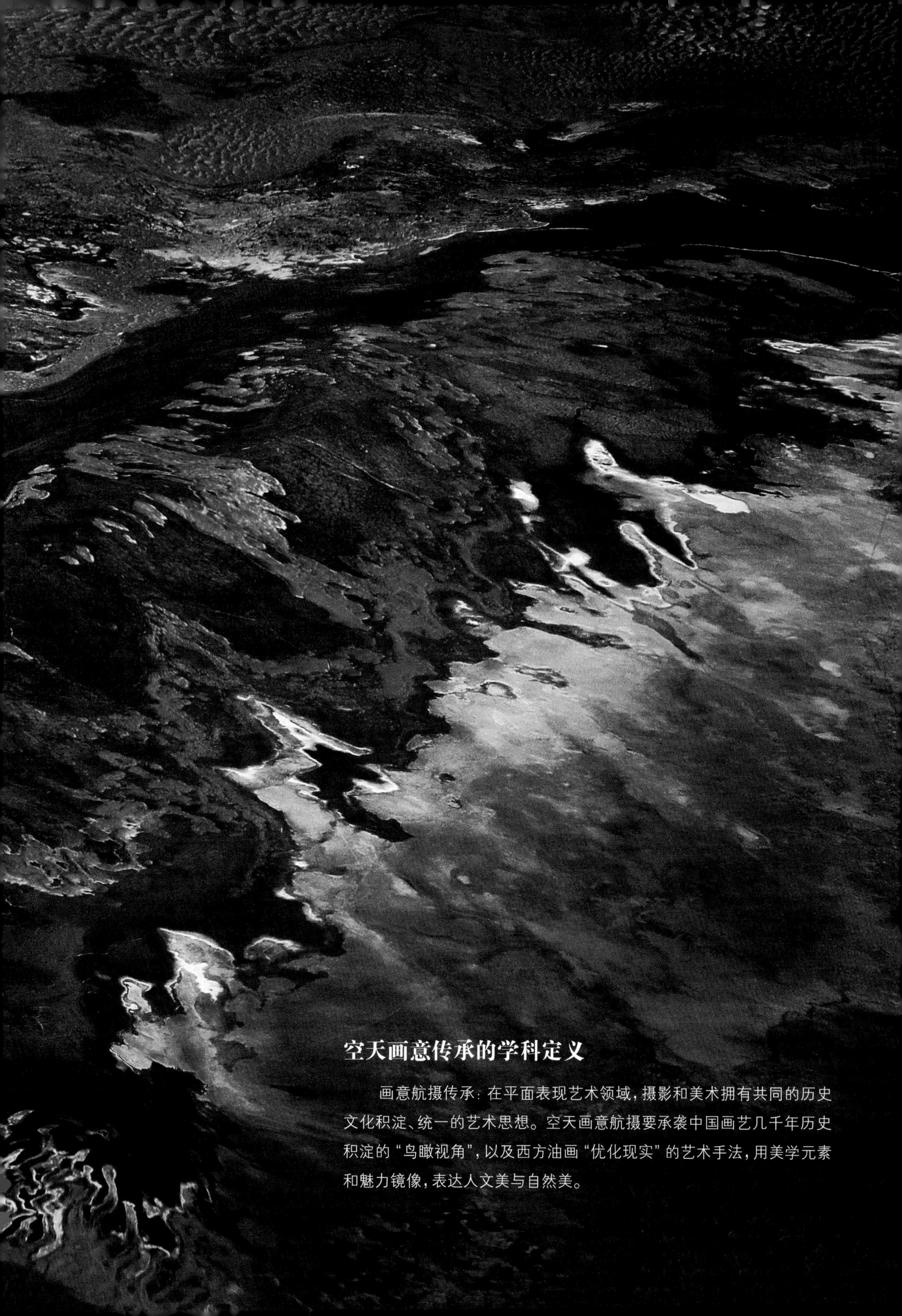

空天画意传承的学科定义

画意航摄传承：在平面表现艺术领域，摄影和美术拥有共同的历史文化积淀、统一的艺术思想。空天画意航摄要承袭中国画艺几千年历史积淀的“鸟瞰视角”，以及西方油画“优化现实”的艺术手法，用美学元素和魅力镜像，表达人文美与自然美。

传扬国画神传视角

国画神传视角：中华神传文化俯瞰世相表征的美称

随着人类智能化水平的提高和普及，空天摄影真正走入大众。人们在欢呼视觉革新时，总愿以“上帝视角”来赞美航空影像。但是，自古以来，东、西方平面表现艺术存在视角高度的差异，既然以俯瞰为视线指向，似乎“神仙视角”更应受到赞美。

神传视角的传承

自古以来，中国被称为神州，中国的传统文化被称为神传文化。代表文化精髓的中国画是上界精神的形式体现，它所运用的“神传视角”则是连接大界和凡间的桥梁。如今，空天摄影为我们提供了获得“神传视角”的技术支撑，秉承“中国梦”超拔于世俗之上的境界和神韵，传承山水画从上到下贯通的气韵和笔情。

国画油画的差异

西方油画多以平视和仰视的焦点透视为准则，中国山水画则大都以移动透视和居高临下的鸟瞰视界呈现场景。多年来，人们一直在为西方风景画“焦点透视”和东方山水画“散点透视”的优劣争论不休，而忽略了东、西方美术在观察视点高度上的差异，以及由此表现出的视场俯仰和审美形式的不同。

视场表现的迥异

东方水墨山水画，借助鸟瞰透视优势改变人们观察事物的视线角度，用创造陌生的高视点大场面景物透视关系吸引观者。西方油墨风景画以人们常见的平、仰视角，刻画人们熟悉的景物，用优于肉眼色辩的高反差和浓色彩吸引观者。由此，造就了山水画写意、风景画纪实、山水画洒脱、风景画严谨、山水画大气、风景画精致的迥然不同的艺术风格。

▼ 图1

▲ 图2

图片说明

•**图1**：平流雾烘托出湖南张家界山峦的形状，夕阳勾勒出复杂的线条结构，造就了神传视角中山水画卷的梦幻气氛。

•**图2**：效仿古代山水画用斜俯视角，横向宽幅画面表现气势宏大的雅鲁藏布江大好河山场景。

•**图3**：航空摄影效仿中国山水画的视场角度，在飞行中获得这种鸟瞰作品的机会太多了。

▲ 图3

发扬国画俯瞰传统

国画俯瞰传统：以鸟瞰物象为主要造型表现的传统形式

当人们开始运用空天摄影技术进行画艺创意时，我们惊奇地发现，空天摄影所呈现的俯视视场，与中国山水国画的鸟瞰视角是惊人的相似。由此，我们寄望先祖的移动式鸟瞰、散点透视的山水国画技艺法则，成为空天画意摄影新的创意爆发点。

俯视的观察法则

近年来，中国画论把观察与表现统一起来，把透视处理归纳为“七观法”：就是按一定路线的观察。面面观，就是物象立面的观察。专一看，就是对物象的重点观察。推远看，就是把近处的物象推出去观察。拉近看，就是把远处的物象拉到眼前观察。取移视，就是在移动中观察。合六远，就是“六远观察法”的综合运用。国画大师总结的俯视观察方法，应该成为无人机遥摄影像作品成像的基本法则。

鸟瞰透视的优势

宋代郭熙在《林泉高致》中提到“自山下而仰山巅，谓之高远；自山前而窥山后，谓之深远；自近山而望远山，谓之平远”。后来韩拙又补充了阔远、迷远和幽远，统称“六远透视法”。其中除高远属仰视外，其他透视法都是建立在俯视视角的基础之上。此外中国的山水画、人物画、建筑画、民俗画等都习惯运用俯视视角，并按创作者不同视点的俯视物象组合画面。

▲ 图1

▲ 图2

图片说明

•**图1**：航空摄影运用焦点透视法鸟瞰物象，恰到好处的大俯角对地俯视，具有强大的技术优势。

•**图2**：学着先人的鸟瞰视角，用纪实航摄的技法描绘昌河湿地，似有异曲同工之妙。

•**底图**：传承山水画以最完美的观察角度，把狼牙山布局在画面里。

仿效国画俯度管理

国画俯度管理：效仿国画控制向下俯视观察的程度

古往今来，山水画家形成了成熟的移动式鸟瞰、散点透视的表现形式，通过几千年俯视表现艺术的实践，留下大量鸟瞰物象的艺术画卷。这为如今进行空天摄影艺术创作提供了表现技法的具象教材。通过分析先人画作的高角度倾斜视点，我们可以发现和领悟倾斜俯视对物象表现的重要作用。

俯瞰视野的拓展

空间透视对形式感和表现力的作用：每幅山水画面都在一个视野宽广的俯视环境中展现，用高于常人的鸟瞰式透视，赢得无限宽广的视界表现空间，创造出新、奇、特的视场氛围，或表达一个意境或讲述一个故事，并以此作为表达画面内涵的形式基础。

斜俯前景的表现

近大远小的纵深透视法则：非常重视前后景别的构成安排，总是把最重要的物象主体安排在画面布局的前景位置，并以高深的俯视场景烘托表达其宏大气魄。这种构成原理应该成为无人机遥摄的常用手法。无论航摄自然风光还是社会生活，鸟瞰中把主体作为前景，以环境烘托视觉中心，是重要的俯视场景配置。

倾斜幅度的管理

鸟瞰透视的视角高度对物象表现的巨大影响：经过几千年的研究探索，山水画家们似乎把视线高度固定在向下俯视的45度角左右。无论表现生活细节还是展现山水地貌，都具有表现力最大化特点。所以，无人机遥摄的在实际使用中，运用最多的应该是向下45度垂度视线。

▼ 图1

▼ 图2

▲ 图3

▼ 图4

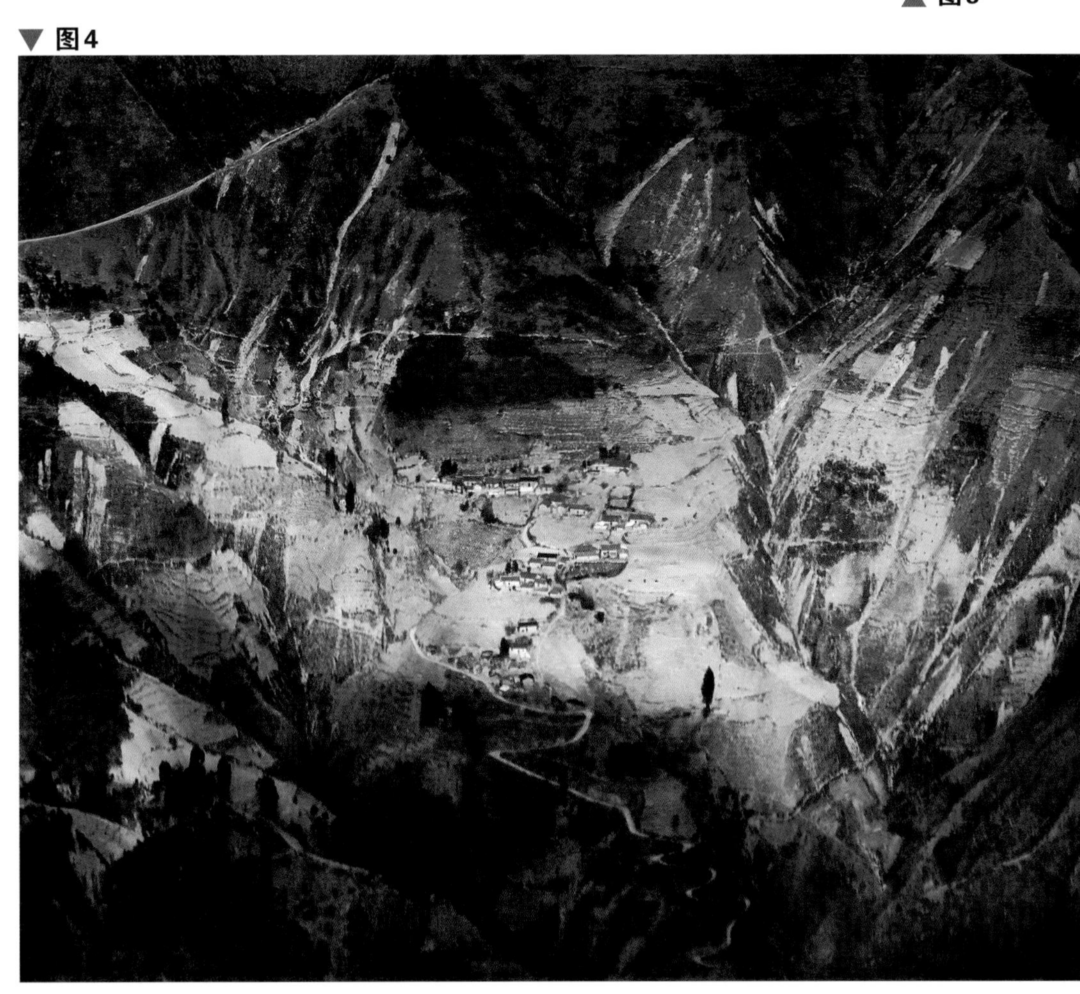

图片说明

•**图1**：这是清代画家用向下120度俯角描绘的承德避暑山庄主园林区。山水画散点透视的优势凸现出来，画面中融进了照相镜头焦点透视无法包容的大地表范围的山景地貌。

•**图2**：这是用160度斜俯视角实景航摄的承德避暑山庄主园林区，比起画家的山水画描绘，摄影作品真实却不如画作美观。

•**图3**：用150度角俯视千岛湖面，凸显地质结构的线条美。

•**图4**：仿照国画120度角俯视，运用黄昏的恢宏色系烘托山水画艺气氛。

体味国画意蕴境界

国画意蕴境界：国画艺术中能领会却难以阐明的精神感悟

客观事物的再现和主观精神的表现，构成了国画的意境美。“意”是情与理的统一，“境”是形与神的统一。空天摄影应该发挥强大的机动鸟瞰功能，传承中国画论中“神飞扬”“思浩荡”的山水精神，运用“既生于意外，又蕴于象内”的典型瞬间描绘，升华鸟瞰视界画意情境的审美意识和精神境界，成为人类生活的赞美者和描绘者。

意蕴的境界索源

山水画曾经是人类企望避开喧嚣尘世，用鸟瞰的陌生视野神化生活的一种艺术形式。把对大自然的感悟寄情精神世界之中，让心境与自然超脱凡俗。人们并不关注所显之象，而是重视所含之道。形而上的精神世界弥补了生活中的诸多缺陷和不足，“迁想妙得”“神超形外”的山水意境，成了重要的审美思想。

意造境生的表现

意境是山水画的灵魂，笔者通过登临名川大山得到真山实水的鸟瞰印象，然后通过笔墨设色形象地表现出来。它以独具个性的表现，“意造境生”追求天性的情趣，把脉自然，山、水、树、石是渗透着情感的生命产物，使观者在摄情写意中引发想象，达到审美理想以至生活理想的高度。

寓意心境的视角

全方位立体表现景物，是空天摄影的强项。而如何用不同的视角表达不同的心境，却要向山水画艺术学习。国画家把视角表现总结为：仰视心恭、俯视心慈、平视心直、测视心快。用仰视表现恭敬，用俯视表现垂爱，用平视表现率直，用侧视表现爽快。这四个视角在升降中表达的不同的内涵要义，应该成为空天摄影的美学参考依据。

创意比例的宽绰

古代艺术家深谙画面长宽比例对形式感和表现力的作用，山水画多采用长宽比例失调的竖式立轴构图和横式长卷构图，用于表现俯视画面的高远感、纵深感和开阔感。现代电视屏幕的宽画幅设置也是为了迎合人们对大视野的审美需求，空天俯视平台应该比古人登高望远更具优势。

鸟瞰意境的传承

意境的构成以空间境象为基础，通过对景物的把握与经营达到情景交汇。这一点空天摄影和山水画创作是一致的，应该效仿山水画因“心”造境、因“境”生情的表现手法，在运用点线面的交错、气与韵的开合中，完成达情入境、形神统一的鸟瞰艺术境界。

图片说明

•**底图：** 在广阔的天地中凝结自然形态那些新、奇、特的表象构成，在复杂多变的万千气象中截留瞬间，表达大自然鬼斧神工造就的山水精神。

图1

图2

图3

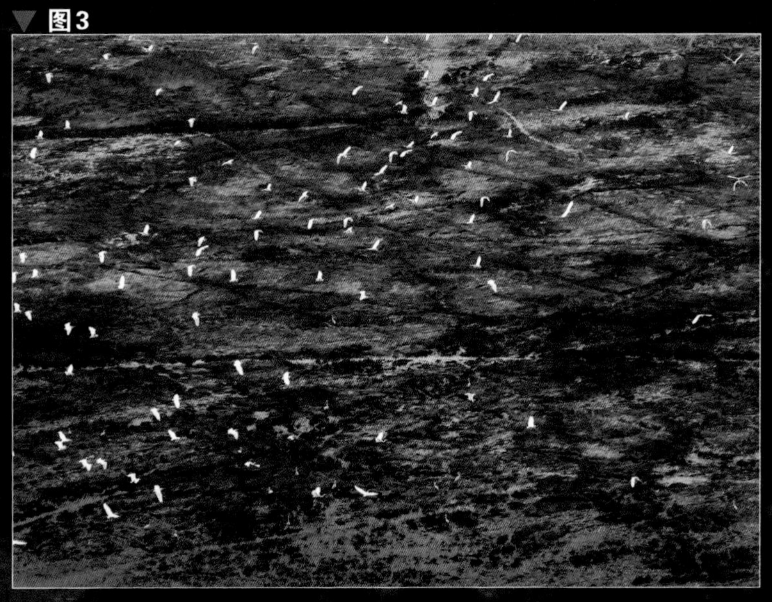

图片说明

•**图1**：山势与田野组成的轮廓折线起伏较缓，组成低幅度的韵律，有平缓宁静的意韵。

•**图2**：师从山水画大师打破人们正常的视界，使画面中的物象拥有最光鲜的形象立面，这是中国画独有的抒情写意的表现形式。

•**图3**：用水塘湿地植被形成的纹络，构建得意神奇的画韵，营造美妙的超凡脱俗的境界。

•**底图**：效仿山水画大师们用完美的表现形式，把梦境中的天堂描绘成诗情画意的虚幻世界。

传承国画韵律表征

国画韵律表征：中国画艺构成中的节奏与规律的表象

当摄影师摆脱了初期航摄的盲目、随意和“瞎激动”后，就会逐渐回归理性，用平面影像艺术审美观念洞察、梳理、选择、定格。而追寻俯视画面中构成的节奏和规律，构建影像的画意韵律，是运用视觉形式系统表达意境的重要环节。

▼ 图1

繁杂世相的秩序

空天影像贵在乱中有序。可是，俯视为我们提供的广阔视界中却充斥着繁杂的景物、器物和人物。因此，从混乱的大千世界寻找规律，建立画面的影像秩序，成为空天摄影师发挥艺术创造力的基础。

秩序节奏的韵律

秩序是规律性的存在，节奏是规律性的重复。画家们喜欢让色彩“动”起来，而航空摄影师更喜欢让景物动起来。画面力动结构越明确，画面的秩序感就越强，画面的视觉冲击力就越单纯。

节奏韵律的赋形

空天摄影应选择有变化、有意味的形象并巧妙地纳入平面空间。在自然空间转化为影像画面空间过程中，需要提炼富有节奏感的画面元素，以彰显形式感的存在；同时也应避免抽象的几何图形的秩序排列，以摆脱呆板的程式化模式。

韵律形式的抑扬

空天影像的韵律美，是空中机动变化中所产生的景物节奏变化之美。韵律更多地呈现出一种灵活的抑扬顿挫的规律变化。航空影像应有条理、有组织地安排各构成部分，以求达到良好的外观状态，凸显形式感表达的韵律美。

▲ 图2

▲ 图3

▲ 图4

图片说明

- **图1**：乘民航飞机航摄的黄土高原的梯田曲线自近而远，组成自由波曲的韵律美。
- **图2**：褐色的色块衬托出波折曲线组成的山势轮廓，产生优美、轻盈的韵律感。
- **图3**：渔家在海面组合的短线和曲线，具有优美的延伸感和流动感。
- **图4**：山势有节奏的自由波折线，烟波浩渺的神农架，组成了富有节律的舒缓流畅的韵律美。
- **图5**：前景古塔轮廓的线条形成主要的韵律，背景弯曲的线条形成异构性帮衬韵律，使画面产生了端庄幽雅的韵律感。

▼ 图5

透析国画视界宽绰

国画视界宽绰：用视线平移升降取得高远宽阔的视野

我们在研究空天摄影的视野时发现，中国画家在远古就登高望远，把视野范围拓展到无限广阔的可视空间。无论是竖画幅还是横画幅长卷，都达到了视场的最大包容；视界的极其宽绰，给现代的航空摄影艺术表现，留下了无限拓展的大幅面鸟瞰视界的影像范例和学术论理。

升降视场的竖幅

古代艺术家深谙从脚下到天空这个180度升降视点的强大视觉震撼作用。因此在创作竖画幅的山水画卷时，会把自己的观察定位在一个适当的高点上，这就相当于承载着镜头的航摄飞机所在的位置。大师们从这个点位出发，从下往上让视场中的景物随着目光的抬起，逐渐从脚下的俯视，向上变为平视，再继续举头使目光抬高至仰视。这样，我们在观赏竖幅的山水画时，就会随着目光的不断上移，看到从俯视到仰视的综合视界范围。

平移视场的横幅

古代艺术家多以俯瞰平移透视，用山水画大纵深横画幅的长卷表现大视场。著名的国画《清明上河图》就是在高于常人目光的鸟瞰视角平移透视中完成的。这方面空天机动摄影平台应该拥有极大优势，可以在精确保持航向、高度等飞行要素的技术支持中轻松完成。但是，能否摆脱机械扫描似的呆板，使画面充满生气和灵性，就要拜山水画先人为师了。

图片说明

- **图1**：画面右侧的建筑，起到了超宽横画面构成的均衡作用。
- **图2**：这是学习中国山水画用俯视的视角括揽山间村落，视点是移动的，下半部是俯视的，中部是平时的，上半部又是仰视的，总体感觉往往是鸟瞰式的。
- **图3**：效仿中国山水画在运用竖画幅表现物象时，用超比例的立轴画面表现景物的高远。
- **图4**：民航班机在首都机场降落至3000米高度时航摄的北京商务中心开阔华丽的镜像。
- **图5**：航摄“京城皇家宫殿”在鸟瞰中记录和表现像山水画一样宽阔的视场景象。

▼ **图1**

▲ 图2

▲ 图3

▼ 图5

▲ 图4

效法国画视点包容

国画视点包容：古典画卷涵盖的多视点界面和海量信息

研究中国画的视觉特点，我们发现古代美术家并不把建立统一的视觉中心看得那么重要。散点透视法使中国画能够分别把来自大千世界远、近、高、低有趣的景物，集中镶嵌在画卷中适当的俯视空间位置上，使一幅画卷出现多个视觉中心，形成了多视点包容的结构支撑和内容组合。

▼ 图1

多视点扫视效果

由多视点构成的中国画，看上去没有特别抢眼的视觉冲击点，多个趣味中心形成的视点，必然分散观者的注意力，使目光形成散视状态。所以，观赏中国画之初，读者的注意力不会马上集中到画面中的某一点，多半会纵览全貌，静心观照画面表达的整体意境。

多视点凝视特点

中国画多视点包容的造型风格，形成画作的分散视点，记叙着不同的形象语言，烘托整幅画作的主题表达。读者在整体扫视中，就会发现画卷中那些散落的趣味点，这就进入驻足凝视的细读阶段。通过局部的深层观赏，逐渐升华对整部画作的形象理解和思想感悟。

多视点包容借鉴

与国画多视点意识相比，航空摄影的视点教范似乎有些急功近利。可在中国画的多视点风格中，得到一些有益的启示：在空中高远纵深和开阔覆面中，视觉中心不一定在中心位置；兴趣点也不一定只有一个，多视点表现的复杂内容完全可以括览在高点俯瞰的大视场中。

▲ 图2

▲ 图3

▶ 图4

图片说明

•**图1**：空天摄影仿照斜俯视角，表现繁杂的公园场景，向下倾斜鸟瞰，获得这个近似山水画的场景效果。

•**图2**：斜向横穿的河道包容了多个运动中的渔船视点，乱中有序画面灵动而丰满。

•**图3**：斜线把海滩上混乱的游人分割开来，出现了多视点均衡和秩序。

•**图4**：中国山水画经常用超长的横画幅，斜俯视角度表现不起眼的多视点小景致。

描摹国画俯视众生

国画俯视众生：以鸟瞰为视点方向的人群写照

传统国画在描绘人们生活典型瞬间时，多采用俯视视角。无论是人物处在室内还是室外、山野还是园林，画面中描绘的总是从上往下看的景象。这与时下人像摄影理论相悖，却与无人机遥摄视角相符。我们应该继承先人鸟瞰人群的传统视角，使之成为无人机新闻摄影和纪实摄影应用领域的主要发力点。

俯视描绘的人物

俯视角度能够较好地刻画人物与环境的关系，以及人与人之间的相对位置。古代画家总愿从房梁、屋顶或山顶等高视点审视塑造群体人像，似乎不太注重人物神态仪容的刻画，而是通过描绘人物在场景中的活动姿态，形成令人感同身受的生活情境。

散点透视的众生

因为高角度看到的都是人的头顶，因此现代摄影认为俯视很难刻画人物表情。而国画家们运用散点透视的美术技法，硬性地让每个画面中的人物按照人们习惯的观察视角“抬起头来”，从而有效地解决了俯视人像的表现难点。无人机遥摄则应该在借鉴中国画居高临下的透视方向时，采取调整飞行角度、增减俯角的方式，尽量避免过度俯视的弊端。

神话人类的生活

中国画擅长用神话的视角、升天的形式，把人物托举到梦中仙境的云里雾里，在高空描绘被神化的人物群体，塑造完美的神仙偶像，以寄托人们对美好生活的憧憬。无人机遥摄也可以在云中、雾中、雪中、霾尘中拍出奇异的鸟瞰人物幻影。

▼ 图1

▲ 图2

▲ 图3

◀ 图4

图片说明

•**图1**：夕阳映照下的海浪和姑娘处在轻度俯视的视野中，焦点透视建构了沉稳庄重的画面结构。

•**图2**：古代山水画往往把视角移上天空，憧憬美好的生活，今天的人们用轻俯视角度描绘人物及环境。

•**图3**：空天摄影学习山水画用斜俯视角度抓拍人群。

•**图4**：无人机摄影师喜欢超低空视角描绘美好的生活。

借鉴油画优化世相

油画优化世相：西方油画粉饰现实物象的直观效果

拥有先进成像技术和万向视角的航空摄影，应该效仿风景油画在色彩管理及光影运用方面的艺术表现技法，把握自然光投射瞬间呈现出的流动光色，用以优化现实中鸟瞰物象的视觉效果。

物象塑形的光感

光是色的来源，有光才有了色彩。风景油画强调色彩的丰富性与结构上的差别，强调科学准确地运用光影色彩再现客观世界的三维空间。表现景物界限不是用线条来区分，而是利用色彩的深浅和光线的明暗，在冷与暖、厚与薄、深与浅、淡与浓关系的相互照应对比中，突出画面主题、巧妙安排构图、渲染画面气氛、传递作者创意，描绘出物象塑形的立面效果。

现实优化的色彩

饱和度在绘画中是指色彩的纯净程度，越是色相明确的颜色纯度越高。油画光影的表现形式建立在色彩的基础上，灵活地运用冷暖对比、色域的明暗差别，以及色相、明度、色度之间的调和把控，创造强烈的光感、质感和空间感。并通过强调色彩饱和度，呈现优于现实的物象节奏和韵律，从而使色彩饱和度运用成为具有独立审美价值的视觉语言过程。

寓意表达的色域

油画的色彩造型追求形、色、神三者兼备，善于借用色彩的象征性来表达意图，确定画面色调关系，强化画面要素来烘托所表现的主题。其精神性主要是通过主观色彩来体现，不仅可以象征事物，还可象征抽象的意念。比如：绿色象征安详平静，蓝色象征升华努力，白色象征纯洁干净，黑色则象征阴森恐怖。在光色造型运用中，偏红黄的颜色都属暖色，偏蓝绿的颜色都属冷色。

图1

图2

图3

图片说明

- **图1**：选取礁石和海浪交融的局部，采用色彩渲染和涡旋视效吸引观者。
- **图2**：学习风景油画，选择色彩丰富的环境，强调光影的奇幻效果。
- **图3**：应该在保持形象真实的原则下，用光影和色彩渲染风光画意，用优于常人观察的高反差效果渲染画面气氛。
- **底图**：在航摄雅丹地貌那色彩异常艳丽的地貌时，摄影者效仿了西方风景油画的风格。

师法画境鸟瞰美图

画境鸟瞰美图：以俯视艺术要素构建鸟瞰图案造影

操作和创作是空天影像的两个层面。空天摄影，不光是拷贝或扫描地貌影像资料的流水作业，还应该是在审美意识指导下，经过创造思考和技巧运用的影像艺术创作。

建构美图的素描

空天摄影的艺术创作分两种形式：一是预先协同好、部署好的情景再现；二是发现自然景物兴趣点的撷取。无论“摆拍”还是“抓拍”，在机动飞行中都应该发挥摄影师的主观审美意识，在空中俯瞰中即兴发挥，运用现场景物的构成元素和光色效果，实现完美鸟瞰美图的艺术创作。

鸟瞰美图的写意

鸟瞰美图可以说是空天摄影家对平面艺术的意趣与境界的追求。空天摄影是以纪实为基础的写真，摄影师正是用超凡脱俗的创作理念，刻画的人物自然而不矫情、质感逼真而不趋世俗、细节周到而不夺目、画面华美而不过于艳丽。让世俗淡然，令意蕴荡漾，将心目中如画美图的意境描绘出来。

创意美图的新奇

空天摄影的魅力就在于：从人们不熟悉的环境中带回令人们感到新奇的镜像，这来自天空的陌生感就是创新的基础。在创作鸟瞰美图作品时，凡是艺术摄影中可以采用的技法都可以运用于空天摄影，从画面上做到构图精致、用光讲究、影调优美，更重要的是要追求作品创意、新意和形式的完美结合。

▼ 图1

▼ 图2

图片说明

•**图1**：运用画艺取景框定了一幅温馨的海岛家园，布起了自然和生活中事物之间的位置关系，呈现出南海小岛饱满的人文与自然环境。

•**图2**：冬季的塔克拉玛干沙漠，摄影者选择冰、雪、沙混合的地质环境描绘出魅力图案，像一幅眉飞色舞的草书充满流动感。

•**图3**：俯瞰灯火勾勒出的流光溢彩的小镇风采。

•**图4**：画面结构中梯田呈线性组成连续的形质，人造梯田若干曲线与丰富的纹理形成综合性结构，呈现出有秩序的生动变化的视觉感受。

▲ 图3

▼ 图4

研习美术光色效应

美术光色效应：光线透射产生的色域给观者的心理影响

西方油画以不同波长的色光刺激人眼，以不同色彩引起人们不同的感觉、知觉、联想等心理效应，对空天影像的运动感、立体感、稳定感的塑造，以及烘托气氛、表达情感、抒发意蕴等艺术再现，能够起到十分重大的强化作用。

色彩膨胀的效应

空天摄影师必须熟悉色彩的运用，知道哪些色域色相是膨胀色，哪些是减缩色。比如：红、橙、黄等暖色，以及白、浅黄、浅绿等亮色，色彩光波长，光亮强，具有色彩膨胀效应。而篮、紫、灰蓝、灰绿等冷色，色彩光波短，光亮弱，成为减缩色。

色彩情感的表达

情感是人们对于周围事物给予的积极肯定或消极否定的心理反应。读者通过色彩感知获得直接的、表层的心理感受。航空摄影师应该通过色彩感知效应的强化，诱发观者的色彩联想，进而获得更深层的色彩情感表现，而色彩情感的发生正是空天影像追求的视觉效应。

色彩动静的感觉

红、橙、黄一类暖色、纯色及亮色，使人联想跳动的火焰，反射的太阳等使人产生兴奋感、活泼感。灰色和暗色，易联想起宁静的池水、寂静的寒夜，产生平静感和安定感。空天摄影以获取运动影像为要义，摄影师应该懂得色彩具有的动静效应，把它体现在空天影像的构成画面中。

色彩隐显的作用

一般来讲，红、橙、黄等光波长的纯色、亮色、白色，产生的视觉刺激较强显而易见，所以称为显色。蓝、紫等纯色、暗色、黑色，光波短、刺激性差，暗淡隐没，所以称为隐色。色彩的显隐效应，对于空天摄影立体感、空间感、主次感、层次感的形成有相当大的作用。

图片说明

•**图1**：用极慢的1/5秒快门速度，凝结下虚无缥缈的直升机，释放着装饰性极强的色彩浓重的抽象派画技效果。

•**图2**：在城市夜空中穿行，昏暗的灯光在慢速快门的作用下拉成线条，形成华丽而神秘的情境。

•**底图**：5架直升机拉出彩烟，五彩缤纷的色彩营造出热烈欢快的庆典氛围。

▼ 图1

▼ 图2

军航空兵
CHINA
Canon

第九章

Chapter 9

空天载体分析

空天载体分析的学科定义

空天载体分析：通过乘坐各种航空器进行摄影的要点、各种航空器飞行机动的不同特点，对各种机载平台用于航摄所呈现的优劣性能、航空环境等条件进行评价。

因缺少乘航天器摄影的经历，只能借助乘坐各种航空器摄影的经验，提炼出运用不同航空飞行平台获取影像的要素，给整体空天摄影以共性的技艺参照。

乘歼教机航摄要点

乘歼教机航摄：以歼击教练机为航摄工作飞机的空天摄影

歼击教练机，是可搭载摄影师空对空航摄的高空高速飞机。歼击教练机是用于训练歼击机飞行员的，前后双座，前面是飞行员座舱，后面是飞行教官座舱，摄影师一般坐后舱进行航摄。

乘歼教机的优点

操控优良、灵活机动、视野开阔、反应灵敏、通信便捷，可以很好地贯彻实施航摄计划。是执行高速跟踪飞行器、空中拦截飞行物、捕捉新闻事件等高难空对空、空对地航摄任务的理想工作平台。

飞行注意的事项

摄影师乘坐的后舱设备与前舱相通相连，任何误动都会造成不堪设想的空难。必须熟记座舱图，熟悉座舱的全部设备、仪表的作用和功能，以便在非常时刻做出正确反应。应熟练使用通话设备，保持与飞行员及指挥员的联系，发出口令应准确清晰。飞行中，不要随意提出航向、航线、高度等要求。

航摄实操的要点

摄影器材必须精简，并在胸前有限的空间摆放有序，做到使用方便。不得将任何物品失落在座舱内，以防影响飞机操纵。4000米以上飞行需戴氧气面罩，要保持松弛均匀的呼吸节奏。要尽量减少随意调整相机程序、更换镜头、电池、储存卡等操作，以避免应急失误。

乘歼教机的局限

摄影师被安全带紧固，身体活动受限；隔着座舱玻璃，航摄视角受限。受载油量、地理环境、气象条件等因素制约大，飞行风险高、突发情况多。飞行速度太快，与景物交错时间太短，瞬间对地标做出判断和反应难度太高。

▼ 图1

▲ 图2

▲ 图3

▲ 图4

图片说明

- **图1**：这是近年用于航摄的歼10双座战机。
- **图2**：曾经用于空中航摄歼击机的国产歼教7战机，飞行员在前舱驾驶，摄影师在后舱航摄。
- **图3**：起飞前，笔者与歼教8飞行员进行航摄地面协同。
- **图4**：笔者乘歼教8飞机后舱执行航空摄影任务。

乘大型机航摄要点

乘大飞机航摄：以最大起飞重量超过100吨的飞机航空摄影

可称为大飞机的种类很多：包括一次航程达到3000公里的军用轰炸机、水上飞机、预警机、侦察机、运输机，以及乘坐达到100座以上的民用客机、轰炸机、运输机。就航空摄影而言，乘大飞机航空摄影有着共性的特点。

乘大型机航摄的优势

乘大型飞机飞行较平稳，续航能力强，摄影师的活动空间相对大，可用于对外拍摄的窗口多。大型飞机的航线航向相对固定，摄影师可以从容地面对前方出现的景物，做好预先航摄准备。可以与机长保持联系，随时掌握工作飞机和编队的动态。部分大型侦察机、水上飞机在低空飞行时，还可以经过飞行员同意，把侧方舷窗打开，这样就能扩大视野范围，增加透视效果。

乘大型机航摄的局限

大型军用飞机、水上飞机、运输机噪音强、振动大，机动性能差，高度、航速、航向变换反应较为迟钝。摄影师与飞行员协调程序多而且较为复杂，在飞行中临时改变航线比较困难。

长途航行途中的苦衷

大型作战的航程一般很长，飞机不停地颠簸、浮动、跃升、下滑，机舱里空气混浊，弥漫着特有的废航油味。长时间对外观察，增加视觉疲劳，晕机会把摄影师折磨得死去活来。

远程飞行摄影的章法

远程航摄作业必须做到有张有弛有节奏，不应盲目兴奋造成晕机和精神抑制；对外观察要有章法，不能只盯着一处，应该上下左右全方位观察；云中飞行极易造成视觉疲劳，既应减少向外瞭望，又不能放过云中出现的瞬间景观。

图片说明

- **图1**：轰6战略轰炸机前导航舱拍摄机位。
- **图2**：轰6K战略轰炸机挂空对舰导弹巡航。
- **图3**：国产大型军用运输机。
- **底图**：乘轰炸机空对空航摄的3架轰6战略轰炸机巡航中国南海。

图1

▼图2

▼图3

直升机低空、超低空飞行性能优良，甚至可以悬停于空中。舱门可以随时打开，摄影师视野范围可扩展到最大限度，对地表拍摄角度也可达到180度垂直角。它似乎可以满足航摄的高度、速度、角度等所有技术要求。

起飞之前的程序

到达机场，必须认真听从机组人员安全程序方面的指导，了解各种安全程序，以便做好应对紧急情况的准备。必须保证飞机的进场和起飞区内没有任何人员、摄影器材以及可能被飞机旋翼巨大的下曳气流吹得四处飞散的物体。

接近飞机的当心

应弯腰接近飞机，没有飞行员时不要进入飞机；当飞机在不平整的地面着落时，千万不要走上坡一侧，因为那里离飞机旋翼更近。装卸设备必须低于腰部搬运，不能举过肩膀；松散的衣物必须束紧，以防被风吹向旋翼；不要将照相设备乱放在机舱里；必须告诉飞行员带入舱内设备的重量。

确保装具的完好

必须系好安全带，并保证紧急时可以迅速解去。在水面上空工作时，应穿上救生背心。飞行中开关舱门舷窗须报请机长同意，小心地打开关闭舱门舷窗，切忌用力过猛。

确保飞行的安全

直升机在低空、超低空飞行，受恶劣气象和复杂地理环境影响较大，潜藏着许多危险因素。飞行中摄影师切忌在不了解飞机性能、不掌握飞行状态的情况下提出随意要求。应增强安全意识，发现障碍物和飞行物危险接近，需随时向飞行员通报。

图1

图2

图片说明

•**图1:** 直8战机空降飞行演练。

•**图2:** 航摄胜利大阅兵空中梯队直升机国旗分队飞往天安门广场。

•**底图:** 乘武直10战机航摄武直10战机科研试飞高难飞行。

乘两栖机航摄要点

乘两栖机航摄：以陆上能滑行、水上能起降飞机为摄影平台

两栖飞机也称水上飞机，在海面加力高速滑行起飞极具震撼力。当然，用两栖飞机作为航摄工作平台，也是不错的选择。因为它除了水上能够自由起降，低空飞行的性能优势也非常突出。

飞机性能的优势

可以在广阔的水域随意自由起降，不受机场跑道的限制。小型水上飞机机动性能好，与飞行员协同较便利，可以随意要求飞机航线和高度配合。大型水上飞机飞行平稳，续航力长，低空性能优越。

用于航摄的限制心

水上飞机受气象因素制约很大，海上风浪稍大就不能起飞，这是最大的弊端。其次，大中型水上飞机不能开启舷窗，只能隔着玻璃航摄，角度和透视都受到影响。还有，起飞滑行时震动比较大，会直接影响结像质量，因此飞机起降的水上滑行阶段无法进行拍摄。

水上飞机的航摄

水上飞机水面滑行起飞是一道亮丽的风景线，从空中俯瞰更是波澜壮阔充满表现力和视觉冲击感。国产大型水上飞机没有尾舱，要航摄另一架飞机水面滑行，只能用前领航舱位置，这里装备仪器多，视野受一定局限。

▼ 图1

图片说明

- **图1**：国产大型水上飞机在水面加力滑行起飞阶段。
- **图2**：国产中型水上飞机在海面滑行起飞过程。
- **图3**：国产中型水上飞机在陆地滑行。
- **图4**：国产小型水上飞机在水面起飞。
- **底图**：国产大型水上飞机双机编队在水面加力滑行起飞。

图2

图4

图3

乘初教机航摄要点

乘初教机航摄：以初级歼击教练机为摄影平台

初教机是歼击机的初级教练机，虽然初教机比歼教机飞行强度、难度要差得多，但飞机布局、性能、装具等与歼击机差不多。这些特定设施和航空环境，使初教机成为最好的固定翼航空摄影实习教练机。

乘歼教机航摄的特点

以我国的主力初教机系串列双座螺旋桨教练机，飞行员在前舱驾驶，摄影师可乘坐在后舱进行航摄。初教机的特定设施和航空环境，对于初入航摄领域的摄影师来说，是锻炼高强度、大力度航摄技艺的最佳飞行载体。

历练空中环境的胆量

航摄新手最大的问题在于不习惯使用长焦镜头。一方面，机舱狭窄，长焦镜头无法施展；另一方面，担心遗漏某些关键航摄目标，一般都会尽量张开广角镜头包容很大的地域。做到大胆使用长焦镜头选取地面和飞行物体的局部并不容易，这里主要涉及临空心理负荷作用的释放。

体味航摄实操的难度

歼击教练机机舱狭窄，人被安全带固定，身体活动受局限，摄影操作很不方便。初教机的巡航时速约200公里左右，比汽车高速行驶快不了多少，可以试探着打开舱门，这样透视效果好很多。但飞机发动机的高频抖动强烈，风的强度也不小，为使结像清晰，应该提高相机感光度设置，加大快门速度。

图片说明

•**图1**：透过上方玻璃，尾随航摄飞行编队。这个位置正是编队的尾流区，应特别注意飞行安全。

•**图2**：过于整齐的编队使人产生平稳感，不太整齐的编队使读者产生自然真实的战斗氛围。

•**图3**：打开舱门把长焦镜头伸出舱外，向下俯摄飞机特写。

•**图4**：乘初教机与编队等速飞行，以机翼为前景在正横面航摄飞行编队的标准照，用顺光让鲜艳的机徽妆点画面。

•**底图**：逆光中编队进入山区，飞机与大山出现远近空气透视关系。

图1

图2

图3

图4

乘民航机航摄要点

乘民航机航摄：摄影师把民用航空器作为摄影平台

民航飞机为每个摄影爱好者提供航空摄影的机会，使枯燥而漫长的旅途成为航空摄影创作的乐园。以往，对于广大摄影爱好者来说，航空摄影或许是一个难以涉足的领域。如今，只要你愿意在乘机出行时拿起相机，就可能尝试到航空摄影的美好情趣。

乘民航机航摄的特点

民航飞机一般在7000米至12000米高度巡航，这个高度空气透视特别好，似乎可以抵消飞机座舱双层玻璃的透视干扰，拍下较为清晰的航空图像。高空飞行，飞机与大地的相对运动角速较低，摄影师可以从容地观察取舍景物。民航飞机几乎不受时间和气象条件的制约，无论阴天、雨天、白昼、黑夜都照飞不误，这给大家提供了航摄奇异天象的机会。

乘民航机航摄的准备

根据已知航路信息判断航路上景物影像价值，最好能弄清准确的地理位置和地名。其次，要根据航路光照方向预测，究竟坐左还是右边窗口能够观察到更多地标，并且取得理想的光效。尽量选择最前排或最后排的舷窗位置，以避开机翼对视线的遮挡。选择处于面对太阳的方向，以便取得逆光和侧逆光的光照，也可以获得航摄日出日落的机会。

乘民航机航摄的目标

民航飞机往返于城市上空，起降阶段是绝佳的航摄机场和城市风貌的机会；在复杂气象中飞行，可以拍到奇异的天象和地理地貌奇观；勤于观察可以发现航路上，许多过往的飞机为天宫画面画龙点睛；航路上的名山大川、云山雾海、城市鸟瞰、大千世界，会使旅程视界充满美好的画卷。

图1

图片说明

- **图1**：民航客机飞经夜幕下灯光异彩的城市。
- **图2**：旅客们在小型民航客机机舱里摆开航空摄影的架势。
- **图3**：航路上，我们可以遇到许多同向或反向飞行的飞机。
- **底图**：这是航路上航摄的郑州黄河大桥。

图2

图3

乘轻型机航摄要点

乘轻型机航摄：以小型简易飞机为航摄工作平台

这里说的轻型飞机不包括豪华小型公务机、直升机，而是指体积小、动力小、升限低、航程短的简易小型飞机。当然，还包括一部分小型的老款飞机，俗称“老爷机”。

轻型飞机飞行的优势

当然，轻型飞机也有绝对的优势。最重要的是航空管控较松，飞行空域协调手续相对容易，安全飞行保险系数较高，而且这些小飞机对起降机场的要求相对较低。因此，轻型飞机升空航摄较为便利。

▲ 图1

乘轻型机航摄的优势

对于航摄飞行而言，轻型飞机航速慢，转弯半径小，超低空性能强，机动性能灵活。因为航速慢，所以可以不装舱门舷窗，镜头直对景物清晰度有保障。这些飞行性能都很适于航空对地摄影的要求。

乘轻型机航摄的劣势

轻型飞机因机舱设施简单，存在震动大、噪音大、舒适性差、通信设施不尽如人意、导航设备不足、夜航和复杂气象飞行没把握等先天缺欠，航空摄影师必须做到心里有数。特别是简陋机种和老爷飞机，航摄飞行中不能急，不能抢，切忌浮躁和急切心理。

▶ 图2

▲ 图3

图片说明

•**图1**：国产小鹰500轻型飞机在掠地飞行，是适合航摄的机动灵活的飞机。

•**图2**：领世AG300飞机是中国航空工业自主研发的第一款全复合材料的高端机，主要针对私人和公务飞行，可用于航空摄影。

•**图3**：小型简易飞机驾驶舱视野开阔，适于自驾机航空摄影。

•**图4**：小型公务飞机的前驾驶舱与后座舱相连视野不错。

▼ 图4

乘热气球航摄特点

乘热气球航摄：以加热空气为浮力的气球为航摄载体

热气球，是一个比空气轻的大气球，下面挂着一个吊篮，可携带喷火器对气球内空气进行加热，使整个飞行器产生升力并发生位移，飞行员和摄影师在吊篮里进行驾驶和航摄操作。

热气浮升球体的原理

用热气作为浮升球体的能源，在气囊底部有供气体加热的大开口，升空时点燃喷灯，将空气加热后从底部开口处充入气囊。升空后靠油量大小控制气球升降，借助风力和气流移动。

乘热气球航摄的特点

乘热气球与乘飞机进行航摄有着明显的优劣。优点是：飞行平稳、视野开阔、没有噪音、没有震动、安全性高、造价较低、受机场条件限制较小等。缺点是：机动性能差，受气象条件约束大，着急不得。

航摄操作安全的保障

乘热气球航摄应穿上较厚的棉质长袖衣，一是保暖；二是防火。吊篮里很拥挤，四角放置着4个专用液化气瓶，头上是喷火装置，还装有温度表、高度表、升降表等简易飞行仪表。摄影师要熟知热气球的性能以及应急自救措施，特别要学会使用灭火器、关闭燃料瓶阀门，记住排气绳的作用和位置，以便紧急情况下拉开排气阀控制高度。

▼ 图1

▲ 图2

图片说明

•**图1**：充气完毕蓄势待发的参赛气球整齐地排列在赛场上。

•**图2**：热气球群开始起飞，陆续离开始发点。

•**图3**：飞行高手们驾驶热气球顺利到达彼岸，与先期系留在那里的大型异形热气球会合。

•**图4**：参加热气球婚礼的新人们热情奔放。

•**图5**：乘坐热气球升空，用臂撑长焦“大炮”进行航空摄影。

▶ 图3

▼ 图4

▼ 图5

乘动力伞航摄特点

乘动力伞航摄：以带有动力的滑翔伞为航摄载体

动力滑翔伞，兼有无动力滑翔伞和超轻型飞机的特点，是在滑翔伞基础上发展起来的。它在座包后加上一个动力推进器，可以在平地起落，受场地限制小，飞行较为方便，速度慢但机动性不错，是理想的航空摄影平台载体。

动力滑翔伞飞行特点

串联双座式动力滑翔伞是航空摄影的最佳选择，摄影师在前操作，由身后的飞行员驾驶。背式动力滑翔伞是背着20公斤的机器，在地面跑步升空，双腿就是起落架。起飞时摄影师由两个地勤人员夹带着向前跑，跑动中扯起巨大的伞翼，离地以45度的迎角加90度的侧转横扫飞掠。

乘动力伞航摄的优势

摄影师被捆绑在空悬的座椅上，两边无遮无拦没有任何依托，没有任何遮挡，视野极为开阔。飞行员和摄影师两人紧贴在一起，交流起来非常方便，可以准确地理解摄影师对飞行要素的诉求，在飞行机动中选择最佳视角，并可做到最大限度地贴地飞掠。

乘动力伞航摄的感受

起飞中和起飞后，盘旋形成的离心力牵扯着身体，大地形成视觉漩涡，摄影师有被甩出去、吸进去的恐慌。安全带的捆绑使身体坐姿别扭无法活动，初次升空的摄影师萎缩于座椅中，将承受极限运动飞行的强刺激。

飞行安全事项的要点

动力滑翔伞是较为安全的飞行器，飞行事故大都出在自驾机航摄：摄影师要驾机，又要摄影，驾机与摄影完全是两种思维和操作。动力滑翔伞虽然简易，飞行中却有千变万化的空中特情处理，飞行中常因分散精力造成空难。乘动力滑翔伞航摄，摄影师应该穿长袖衣裤，必须戴上头盔。

▶ 图1

图片说明

•**图1**：动力滑翔伞操作简单，摄影师视野环境也特别好，但是出于安全原因，我们不提倡自驾机航摄，因为摄影和驾机操作会相互干扰，导致安全事故的概率极高，前后串列式驾乘是较好的选择。

◀ **图2**

▼ **图3**

图片说明

•**图2**：追踪动力滑翔伞编队，在混乱中寻找秩序。

•**图3**：寻找喧嚣的海滩局部，用滑翔伞的翅翼表现飞行器与大海的联系。

•**图4**：用相对高的视角，交代黄岛金沙滩和青岛啤酒节主会场的地理关系。

▶ **图4**

乘坐高铁历练动摄

高铁历练动摄：乘坐高速列车练习运动中的动感摄影

高铁飞驰的时速接近和超过直升机和无人机，我们不妨给爱好航空摄影的旅客出一道趣味摄影课题——进行近似航空摄影掠地飞行效果的动摄实训。让乘坐高铁成为历练动摄的机会，会给原本枯燥乏味的旅程平添高难摄影实训的乐趣。这里，只做动摄技术和动感生成的视觉效果分析。

前侧方向的迎摄

摄影师从车窗向前方观望受一定限制，视线只能呈30度斜视角度。物体过往的速度和俯角与被摄景物接近车体的距离和角度成正比：视线距离越近，速度越快；俯视角度越大，速度感越强。前侧方向迎着目标拍摄应该尽量向远处瞭望，以最大限度赢得提前发现有趣景物做好拍摄准备的时间。

后侧方向的离摄

摄影师侧身向后目送景物离去，比迎面拍摄要略显从容一些。最好是：从前侧角度瞭望远处发现目标景物；到横向闪过进一步认识目标景物；再转身目送目标景物远去过程中拍摄，形成一个从迎接到送别、从前方认知到后方离摄的过程。

横向定位的跟摄

旅途中，会遇到许多像火车、汽车等与列车平行的运动物体，也会遇到反方向运动的目标，这就涉及横向追随摄影。只要把快门速度确定在1/100秒以下，聚焦跟摄运动物体，随着列车与对面物体的等速运动按动快门，画面就会出现动静虚实结合的效果。

主体定点的转摄

把快门速度调至1/100秒以下，聚焦对面一个目标，镜头固定指向主体，并跟随着车体的高速运动进行转动，使镜头在快门开启的瞬间始终固定于目标的中心位置，就会出现目标主体清晰、前后左右周边景物模糊或成线条之效。

图1

图片说明

- **图1**：对面出现并行同方向行驶的列车，只要把快门速度降低至1/60秒以下，对准列车按动快门即可。
- **图2**：焦距对向画面的左侧，在旋转的过程中按动快门，出现了偏移旋转的视效。
- **图3**：慢速快门开启瞬间，镜头一直聚焦铁路工人，出现了旋动的效果。
- **图4**：发现并聚焦路边的突出建筑物，慢速开门在开启的瞬间，镜头始终对着主体，就会前后景物虚化而主体是清晰的。
- **底图**：斜向追随是摄影技巧中难度最高的一个环节，要沉住气把握跟随列车的运动方向。

图2

图3

图4

舰船桅顶模拟航摄

桅顶模拟航摄：借助杆桅顶部高度取得轻俯视航摄效果

桅杆的顶端是舰船的制高点，对摄影师来讲可以作为全天候的拍摄位置。这里站得高，看得远，不受气象、光线、时限等影响，可以长时间驻留观察拍摄。

轻度俯视的效果

桅顶高度，会使视野加宽，近景压低，远景及地平线相应提高，出现了一定的纵深感，消除了甲板拍摄时海天各半的构图格局。

俯摄本船的优势

桅顶高度，可用中长焦镜头把本船的某个局部拉近，表现具体细节。又可用广角镜头把后景推出，把本船作为前景。在这里，摄影师可参与本船使命，感受本船的工作气氛，又可纵观海上的整体局势。

立体描绘的特点

桅顶高度，可以俯摄涌浪和航迹，使浪花形成的图案在构图中形成极强的装饰。运用早晚辉光照射海水的色温差别以及阳光直射下出现的波光进行写意。

桅顶视野的局限

桅顶高度，虽然提高了拍摄角度，但不像飞机一样可以完全脱离舰体自由俯视机动。这里，没有高度变化、俯视角度变化，只能靠变焦镜头推拉取得景别变化，回旋余地太小，存在较大的局限性。

▼图1

图片说明

•**图1**：站在桅杆顶上，拍摄海上军演发射深水炸弹攻击潜艇的情景。

•**图2**：站在前桅顶拍摄中国军舰驶过比斯开湾强低压冷涡气旋，强度相当于12级台风。

•**图3**：爬上30米高的驱逐舰桅杆，寻求航空摄影的俯视灵感。

•**图4**：站在桅顶拍摄的海军舰艇编队战术转向。

•**底图**：站在军舰制高点，轻俯角度模拟航空视角拍摄舰艇编队发射舰对舰导弹瞬间。

图2

图3

图4

聚焦模拟失重漂浮

模拟失重漂浮：物体在水中产生的近似太空失重浮动状态

重力，是指物体所受的地球引力。失重，是指物体失去重力场的作用。航天员进入太空就会处于长时间的失重状态，为适应太空重力变化环境，科学家选择了水中作为航天员太空失重训练的主要方式。因此，也使更多的人有了体味太空失重状态下摄影的机会。

失重漂浮物体的表征

在失重状态下，人体和其他物体受到很小的力就能漂浮起来。利用浸水技术模拟中性浮力平衡，当物体在水下所受的重力与浮力相等时，就可以出现模拟的太空环境，获得近似失重的感觉和效应。其外在表征是：一切物体都呈无重力悬浮状态，人体和物体沿着人为动力方向有规则地漂浮，人的肌肉呈懈怠松弛状态。

失衡状态相机的稳定

身处失重环境的太空摄影师身体处于悬浮状态，任何微小的动作都会影响身体的平衡稳定，发生不规则的反转和侧滑，控制和保持自身稳定是太空摄影的难点所在。应该采取的措施：太空摄影师依靠在周围物体上固牢身体；拉住固定物体使悬浮的身体保持平衡；在身体的悬浮运动中寻找相对稳定的瞬间进行拍摄。

失调环境平衡的基准

在太空环境中，地平的意义不复存在，人们对影像平衡的感觉只能来自摄影机画面的底边。当然，在太空舱和探测器里，人们还会以设备、器材、家具的方向设置，寻找认知地面的视觉平衡，借助人们的视觉惯性认知视觉平衡的存在。

失态运动物体的截取

太空物象产生的主要形象特点表现为：失重效应产生的物体漂浮状态和动态规律。在太空环境中，失去重力作用的一切物体同时也都失去了速度感和明确的力动方向感，散乱的物体在悬浮中柔和、平缓地移动，摄影师也在身体旋转扭曲的运动中，寻找最具表现力的视觉效果。

▼ 图1

▼ 图2

图片说明

- 图1：人体在游泳中的漂浮状态，肢体语言是非常丰富和特别的。
- 图2：人体在失重环境中快速运动，力动方向的表现是非常明晰的。
- 图3：人体在失重环境中下意识调整方向，身体状态会出现迟缓的扭动感。
- 图4：人体在失重环境中的失衡形态充满了漂浮感和流动感。

图3

图4

第十章

Chapter 10

无人遥控航摄

无人遥控摄影的学科定义

无人遥控摄影：摄影师与摄影机分离，摄影师通过遥控设备控制悬挂机载摄影机的无人机、宇宙飞船、探测器、人造卫星等获取影像的摄影门类。可称为："无人机航摄""无人机遥控航空摄影"，简称"无人机遥摄"或"遥摄"。

实用特殊功效注释

实用特殊功效：无人机遥摄作业的优势功能及效果

因为是无人驾驶飞机，靠信息指令和能量驱动机械装置完成航摄任务，所以不存在摄影人的安全和疲劳问题。遥摄无人机可以用其特殊视角，取代人工完成人类力不能及和危险的航摄内容。无论是上高山下火海，无人机可以做到真正的无限勇敢、吃苦耐劳。

高危航摄的勇敢

在复杂的、险恶的地理地貌环境和急难艰险的任务面前，无人机在性能和能源允许的情况下，可以不顾辐射靠近现场，不顾高温接近熔岩，不顾枪林弹雨勇往直前，做到最大限度地抵近拍摄。

跟踪目标的顽强

跟踪高速移动目标是无人机的拿手好戏，它可以受摄影师的地面遥控，死死咬住被摄目标，亦可根据输入信息辨别跟踪目标的高度、速度、距离等移动元素，保持一定距离持续跟踪飞行。在复杂地理环境和城市建筑群落里，无人机识别复杂信息的反应能力远远超过人类。

持续作业的耐性

无人机和照相机可以在性能和能量允许的范围内，按摄影师输入的程序或发出的指令，不知疲劳地高效完成诸如大片地域的遥感扫摄、线路监测等高频率、大强度的航摄作业，而且不偷懒、不走样、始终如一。

俯瞰现场的优势

无人机进入突发天灾人祸和军事战场对垒空域的新闻现场，可以无视危险环境和恶劣气象，跨越人为阻隔和地理阻隔，在能容下机身的空间中做到自由穿越。无论是残垣峭壁还是涵洞峡谷，无人机能够不间断地由近至远，从微观到宏观，用摄影机担负起实时监视、侦察、校正、印证等重要航摄任务，为指挥中心提供决策的重要依据，为媒体提供现场影像记录。

▶ 图1

▲ 图2

▲ 图3

▲ 图4

图片说明

- **图1**：一架小型航摄无人机，正在村庄里追逐航摄一只小狗，其飞行灵活性令人惊诧。
- **图2**：随着科学技术的发展，无人机将越飞越高，也越飞越低，给人身安全造成威胁。
- **图3**：无人机以高角度的优势在晚会会场上空航摄。
- **图4**：无人机出现在大型活动现场，似乎已经为大家所接受。

飞行俯视经验积累

飞行俯视经验：从天上往下看的视觉习惯

无人机给摄影机提供了机动平台，却把摄影师留在地面。地面看到的平视景象，与监视器里的俯视映像相去甚远。许多摄影师虽然能够熟练操纵无人机，却因不熟悉俯视影像特点，不能判读地标环境，而无法操纵无人机合理机动捕捉影像。由此，人们要取得无人机的空天视角，必须先拥有俯视经验。

航空经验的具备

无论无人机装备和技术如何发达，它只是完成人的意图和观念的一种工具，是摄影师完成航摄使命的一种手段。站在地面平视的摄影师，必须凭借空中俯视感觉结合监视画面进行遥控操作，效果往往取决于摄影师俯视经验的积累程度，而俯视经验的生成有赖于空天飞行的实践亲历。由此，操控遥摄的摄影师应该具有空天俯视的阅历和资质。

俯视经验的积累

摄影师要通过升空训练积累俯视经验，熟悉俯视影像特点和平俯影像转换规律。生活中人们一般都是向前看和向上看，很少以漂浮状态向下看。因此，俯视经验必须在特定的空天环境中积累。摄影师应该乘各种飞行器或登高楼、爬高山，从不同高度、不同角度，对不同目标地标景物进行俯视观察基本功训练，从而形成规律性的影像概念。

俯瞰透视的规律

俯视影像对人类是陌生的，它的规律是：俯角越大陌生感越强。因此，摄影师应该有乘飞行器升空的经历，熟悉空中俯视景物的形象变化规律，才能够运用俯视经验，更好地在监视器的回传画面中识别预定地标景物的结构和形象。

图片说明

- **图1**：在雅鲁藏布江流域中随机选取河道躯干结构，使之形成讲究的艺术画卷，是无人机遥摄的强项。
- **图2**：俯视观察生活的聚集地，抓拍描绘人们自然的生活状态。
- **底图**：发挥无人机机动灵活的特点追踪航摄一只白鹭。

图1

图2

远距超视搜索操控

远距超视搜索:无人机超出摄影师目视范围搜索景物

无人机飞离可见范围，脱离直视监控后，遥摄难度随之增加。摄影师只能靠机载摄影镜头回传的信号，观察认识现场立体空间环境，搜索预定目标或发现兴趣中心。为了减少盲目性，节省留空能量、增加搜索效率，应该借鉴乘飞行器对陌生环境进行航摄的章法和程序。

飞行高度的分层

根据现阶段用于一般性遥摄实际操作中的惯例，以地面制高点为"零高度"；300米以上的飞行高度列为"高空"；100米左右的高度列为"中空"；30米以下的高度列为"低空"。

高空地毯式观察

超出地面最高的地物300米高度，对无人机来讲已经是比较高了，视野范围也相对宽阔。在这个高度用广角镜头，大俯角对地垂直地毯式浏览观察，建立地理环境的印象，也可以选择典型的地貌特征进行遥摄。

中空盘旋式观察

在高于山巅、楼顶等制高点几十米至100米的高度，适宜用倾斜俯视角度在移动中观察。用于寻找被摄景物主体特征，并且发现被摄群体与周边环境的嵌入关系。

低空要点式观察

低空高度一般在略高或低于高地和楼群的位置，在机动飞行中用相对轻度俯视角仔细观察，辨明被摄景物的相对位置、主次关联和透视关系，最终确立被摄主体的最佳立面。

多点悬停式拍摄

围绕被摄主体进行细节观察、确定主立面方向和俯视角度后，进行精确的高度选择和角度调整。最后，让无人机在短暂的悬停状态下，完成最后的横、竖画幅选定，大、小景别框取等摄影要素的定夺和实施。

返航地标的记忆

在无人机超视距飞行中，摄影师应通过监视画面，记住飞经的典型地标和特殊地貌，这叫"老马识途"能力。是为了在无人机受到电子干扰、GPS导航失效的情况下，根据地貌特征的记忆，自主操纵引导无人机沿原路返航的技能。

▲ 图1

▲ 图2

图片说明

•**图1**：我们奉命寻找一处古迹，无人机保持300米巡航高度，在1500米之外通过监视画面搜寻到了目标。降低高度，并进行环绕飞行，最终确定表现这座古城堡遗址的最佳视角和立面。

•**图2**：在超出摄影师视距范围的海面，确定了这艘小船为兴趣点，经过机动追踪，把它定格在恰到好处的画面视觉中心。

•**底图**：无人机消失在神农架广大的山林地貌秘境中，摄影师通过监视器掌控它的行踪，通过镜头选取兴趣中心，定格有价值的影像。

潜望遥摄技术特点

潜望遥摄技术：套用潜望镜向上伸出窥探的拍摄方法

这是一个确保旋翼无人机飞行安全的遥摄操作方法。当遥摄中遇到恶劣气象、复杂环境、极端黑暗等情况，飞行和观察受到局限时可以采用“潜望遥摄法”。

潜望遥摄的用处

摄影师操纵无人机在自己的头顶上直上直下地升降、观察、搜索、框取、定格，等于摄影师扛着一台自由上下伸缩的潜望镜在地面游走。把无人机的盘旋飞行，换成摄影师在地面的机位移动，以减少空中机动的风险。

潜望遥摄的操作

摄影师在遥摄现场首先找好一个确保安全的机位，让旋翼无人机在自己的前方垂直升起，分高度层观察瞭望和拍摄。然后，直线下降回到摄影师面前位置。

潜望遥摄的规范

确定机位上方位置无任何障碍物，保障无人机起降的垂直通道；确保机位附近没有强电磁干扰，必要时应暂时关掉自动导航设置；确保机位附近有安全起降的空间；确保无人机垂直起降，不带飞行角度，直着上去、直着下来；确保无人机在黑暗和迷雾中，不与任何人和物发生碰撞。

潜望遥摄的适用

在能见度极差的夜间；在能见度极差的积云和浓雾中；在极为狭窄的地井式空间中；在险山峡谷的复杂地况中；电磁干扰强烈的情况下；在密集的楼群、塔群、高压线路的环境中。

▼ 图1

▼ 图2

▲ 图3

◀ 图4

图片说明

•**图1**：在低云密布能见度很差的气象条件中，使无人机垂直升起进行"潜望式"定点悬停遥摄。

•**图2**：在地物环境复杂、电线密布的城镇街道中，无人机应该减少穿插飞行，而采取垂直起降的方法。

•**图3**：在雾霾浓重的都市里，运用潜望式遥控摄影技术很有必要。

•**图4**：在高楼林立的繁华市区夜晚的楼群中，应该减少低空盘旋最好采取"潜望镜法"，减少无人机机动范围。

三步画面框取运用

三步画面框取：通过三次距离调整精确框定目标

无人机遥摄，是运用监视画面对被摄景物进行现场搜索发现、调整选取，并通过镜头对景物镜像进行框定，最终完成空天影像获取的过程。从初始观察到最终拍摄，摄影师面对监视器里的现场回传画面要进行三次框取操作，也可以理解为对场景的三步选取：远景、中景、近景。

远景瞭望的框取

无人机飞临现场之初对景物的框取，是出于搜索目标的需要，摄影师通过无人机镜头的瞭望，对现场地物做地毯式移动画面观察，对环境和地貌景物进行初步了解。这种框取应该是盲目的、不确定的，它的镜像视界应该是越开阔越好。因此，应该让无人机与景物的相对距离较远，镜头广角开大，以取得较大的视线包容。

中景发现的框取

在广阔的鸟瞰视野环境中，摄影师运用俯视观察经验，发现预定目标或随选兴趣中心，并操纵无人机镜头对其进行第二次框取。让目标在飞掠移动的影像中停留片刻，进一步观察以确定它的影像价值，并拍下中景照片。

近景精确的框取

在确定被摄景物的价值，决定对其进行拍摄的同时，摄影师开始进行第三次精确框取。通过镜头焦段调整或前后距离调整，把被摄景物合理地、恰到好处地框取于监视画面之中，最后按动快门完成对这一航空影像的获取。

▼图1

图片说明

- **图1**：在500米高空中，摄影师围绕小岛进行观察飞行。
- **图2**：下降至150米对岛进行特写照片航摄。
- **底图**：下降至300米高度进行带着环境的观察遥摄。

三向视点协同操作

三向视点协同：来自三个方向的视觉导航综合控制

操控无人机遥摄时，摄影师不能随飞行器升空，而是站在无人机、被摄地标和监视器之间的地面上。摄影师现场遥控操作时的视觉导航根据，来自平视、仰视、俯视三个视觉方向的信息。因此，让本来是独立存在的多视点界面，在摄影师的拍摄意识中关联起来，使之成为相互兼顾补充的视觉信息源，并将其合理地融会贯通在实际操控中，成为无人机遥摄的第一要义。

加强视点的协同

摄影师操控无人机完成遥摄操作，其视线被分解为：平视，摄影师直面现场观察被摄地标；仰视，摄影师仰望无人机所在空中位置调整航向；俯视，摄影师通过监视器中实时回传的鸟瞰信号获取影像。因此，平、仰、俯三个视点的相互参照转换和平衡把握，成为遥控航摄的技术难点所在。

加强实地的勘察

航摄前，应该对地标进行实地考察，了解将要进行航摄的景物环境特点、明显标志、地标方位等航摄要素，以增加对现场的平视感性认知，减少无人机瞭望搜索的盲目性，提高空中飞行的工作效率。

加强效果的预测

根据图上推演、实地考察，了解被摄目标及周边地域范围的地貌特征和标志性建筑的位置。凭借俯视经验，对将要实施航摄的地标景物进行塑造要素的预前设定，比如：光影塑造的最佳时段、无人机空中的高度认定、镜头的焦距焦段运用、俯视角度的倾斜度等遥摄要素。力争在起飞前，确定一个切实可行的遥摄实施方案。

加强直视的导航

近程航摄时，遥控飞行器在摄影师的视线之内。应该结合俯视经验进行目测，对无人机在空中的位置、状态、空域进行精确控制，使之尽快进入理想的航摄位置。

加强视角的互补

由于地面操控与空中相机的位置不同，造成摄影师与镜头的视界分离。因此，对能见范围的地标航摄时，摄影师应该结合自身的俯视经验，养成三点影像信息联动和注意力合理分配的习惯，做好平、仰、俯三种视角的互补。

加强成像的校正

无人机遥摄基本上是在超低空高度进行，受地形遮蔽影响较大，导航系统信号易受干扰，造成无人机位置的自由漂移，直接影响机载镜头位置的偏差游离。操作中要通过监控画面，注意对预设目标聚焦的预测控制和过程控制，实时矫正画面的水平基准性和视觉合理性。

▲ 图1

▲ 图2

▲ 图3

图片说明

- **图1**：负责操控飞机的技师和掌控画面效果的摄影师协同操作对地标景物进行遥摄。
- **图2**：航摄中摄影师要熟练掌握视线的合理分配。
- **图3**：在没有时间和空域限制的无人机遥摄中，摄影师可以按照各项艺术要素，调整无人机寻找最佳的拍摄位置，拍出较为完美的画面。
- **底图**：在摄影师视野范围内，摄影师使用无人机遥摄，可以很容易地操控无人机进入拍摄位置。

强化立体空间效果

立体空间效果：景物三维空间视觉效果的表象凸显

现实空间是三维空间，具有长、宽、高三种度量。而站在地面操控无人机的摄影师，只能在监视器里看到现场回传的二维平面影像。这就需要具备较强的立体空间意识，在拍摄意念中自然生成三维立体空间环境的印象，以便在平面监视画面的提示下，操纵无人机在现场立体空间中游刃有余。

立体空间的缺失

许多初涉这个领域的摄影师，因为缺少俯视观察的训练，缺乏对立体空间的认识，面对监视器里实时回传的俯视鸟瞰二维画面，感觉不到现场的立体空间存在，只是把这些表层俯视影像看作地表平面结构图案的线性变化。于是，就出现了千篇一律的"垂直印章式"模式化影像。

空间透视的积累

针对遥控航摄的职业特点，应该要求摄影师创造条件尽量多地乘各类飞行器，在空中环境锻炼对地俯视观察能力。或者登高望远，在高山楼顶向下俯视，增加对立体影像空间透视视觉特点的体会，促使立体空间意识的生成，弥补摄影师这方面的先天不足。

立体透视的作用

具有专业水准的无人机摄影师，应该具备良好的空间感知能力，哪怕无人机已经飞出视野，也能够熟练地通过操纵无人机进行有章法的立体式影像覆盖，从监视器里的二维影像信息获得三维空间的印象，从而完成被摄景物由三维立体空间被凝聚为平面图像。

图片说明

- **图1**：运用地表线型构成表现画面的立体感和纵深感，寻找雅鲁藏布江具有表现力的典型场景。
- **图2**：舞台和观众形成的前后景别的空间距离，加深了观者对会场纵深透视感的体会。
- **图3**：面对大纵深大场面的环境，应该把无人机调整在高于障碍物的飞行高度，安全地寻找表现大气透视感强烈的立面。
- **图4**：无人机所涉及的空间应用，是一项值得探讨和研究的表现艺术课题，需要集思广益和交流学习。

▼ 图1

▲ 图2

▼ 图3

▼ 图4

透析旋翼恐惧心理

旋翼恐惧心理：摄影师针对旋翼危害产生的自警意识

时下，无人机遥摄领域应用最广泛的是旋翼无人机，桨叶是旋翼无人机产生升力的主要部件。我们之所以把桨叶作为最令人担忧的安全部位，是因为它既是肇事的凶器，又是要害的仪器，无论伤别人还是伤自己，后果都不堪设想。

桨叶飞旋的危险

桨叶令人望而生畏的原因是：桨叶飞旋在机体的外围，像全方位飞转的“刀片”咄咄逼人。它们特点是：软的欺、硬的怕，遇到人群、动物等肉体，它就是杀气十足的绞肉机。而遇到坚硬的障碍物，它又变成脆弱的扑火飞蛾不堪一击。

桨叶损伤的后果

无论伤别人还是伤自己，都伤不起。桨叶受损破裂后形成的伤纹有时肉眼很难发现，这就变成不定时炸弹，在旋转中随时飞出造成伤害。在飞行中，桨叶严重损伤后，会造成无人机失控或直接炸机坠毁。

恐旋心理的诱发

不开无人机的人不会对旋翼有深层的认识，只要你开上旋翼无人机，就会听到看到桨叶事故的惨重后果，就会体会到“飞旋刀子”的危害性，随之产生对桨叶的“恐旋症”，这几乎成了无人机遥摄的职业病。其实，这种心理反应正是摄影师责任感和危险意识所导致，能够起到安全警示的作用。

提高防范的意识

我们在呼吁无人机生产厂家，对旋翼进行物理隔绝式安全防护措施的同时，提示大家主动规避是旋翼无人机最好的防护措施，不碰人、不撞物是无人机操控的原则。

图1

图2

图片说明

- **图1:** 在高密度人群的环境空间中飞行，把安全放在首要位置，随时调整航向和高度。
- **图2:** 随着无人机遥摄的广泛应用，它的身影似乎无处不在，这架无人机正替代摄影师造访人家。
- **图3:** 大型军用无人机的桨叶翼展很长、挥舞威力强大，飞行时需要保持较大的安全间隔，安全管理要求也很严格。
- **底图:** 用于遥摄的无人机旋翼分布在机身四周，在飞旋中极易产生碰撞，在复杂环境中飞行，一定要避开障碍物。

图3

飞行安全警示要点

安全警示要点：顺利完成遥摄空中飞行的重要提示

应该指出的是：飞行无小事，摄影飞行员必须以安全为重。时下，人们对航空影像的追捧，催生着无人机遥摄行业的迅猛发展，天空中云集起越来越多用于遥摄的各类无人机。但是，在这个新兴行业繁荣表象的背后，隐藏着日趋严峻的低空安全形势。由此，对遥摄领域形成统一的安全规范势在必行。

安全性能的提示

无人机的质量标准是遥控摄影的安全基础。摄影师必须对飞行器的气动原理和飞行性能了然于胸，知道它的安全高度、安全角度、安全速度、安全航程、安全载荷、能量储备等主要飞行参数和性能限制。

强调安全的操控

航空摄影，首先是航空，而后是摄影。运用航空器进行遥控航摄，操纵好飞行器是前提，它是获取影像的基本平台保障。必须强调无人机遥摄领域飞行专业标准规范，接受严格的飞行理论学习和试飞操控训练，使摄影师成为技术娴熟的无人机操控技师。

加强防撞的意识

防相撞是一道红线，摄影师应该永远保持安全警示意识。实施航摄时，一定要把空域限制、高度限制，以及地表高层建筑和复杂地形了解清楚。对于航路和空域中的飞行物、障碍物，包括鸟类、风筝、电线等注意观察，及早主动规避相撞。

警惕动能的衰减

随着海拔的提升以及气温降低的影响，无人机电能消耗会迅速增加。在高原和寒冷地区遥摄，必须随时注意电压保护装置的警示，保持电能储量和确保动力安全。

摆脱飞行的干扰

在人类社会活动的广大环境中，分布着看不见摸不着的强磁场。摄影师除了对看得见的电塔、电站、矿山等能够产生磁场干扰的地域进行主动避让外，还要注意应对不确定的突然发生的电讯、电视、雷达等信号干扰，随时操纵无人机脱离干扰源。

▼ 图1

▲ 图2

图片说明

•**图1**：这是2014年烟台机场起飞航路上的一幕，一架微型固定翼无人机正在与民航客机比翼齐飞。

•**图2**：小型遥摄无人机在布满电线的街道上起舞，实在令人心惊胆战。在复杂的村镇社区环境中遥摄，需要格外注意电线、电杆、烟囱、违章建筑的飞行障碍。

•**图3**：在遥摄丰富多彩的大型节庆活动时，摄影师很容易被兴趣点吸引，忘记电量、航程、方向、返航点等要素，造成无人机失控。

•**图4**：随着无人机的小型化，无人机出没已经很难被人们发现。

▼ 图3

▼ 图4

遵守社会道德规范

社会道德规范：遥摄中应该遵循正当行为的观念准则

无人机遥摄是一个先进时尚的摄影方式，在日趋小型化、便捷化、隐身化的高科技发展中，已经成为无处不在的另一类眼睛。因此，对操纵人员道德规范的形成和约束，也成为人类航空活动中不可或缺的行为准则。

不越道德的红线

许多新生事物的发展过程中总是伴随着人们的善恶评价。某些差评也是从朦胧走向明确、从容忍走向愤怒的。我们希望无人机遥摄产生的弊端，能在严格自律中得到限制，并以设立行业法规得以遏制，这样才能使这门新兴摄影门类以正人君子的形象融入社会生活。

不扰社会的生活

社会生活实践中形成的善恶是非的观念、情感行为习惯，应该成为遥摄严格自律的基础。摄影师要把尊重现实社会生活规律和习惯作为行为准则，真正做到不野蛮飞行、不黑飞乱拍、不打搅人们的正常生活秩序。

不窥别人的隐私

应该看到，遥摄给偷窥隐私提供了强大的技术支持，使“狗仔队”拥有了航空利器。我们在强调摄影师严格自律的同时，也呼吁法律针对“黑拍”的严厉制裁。仅靠目前《治安管理处罚法》第42条第6项规定——对偷窥、偷拍、窃听、散布他人隐私的，最高处5至10日以下拘留并处500元以下罚款的处罚是不够的。

不乱现场的部署

目前，使用无人机对突发事件现场、重大事件现场和重要活动现场进行遥摄的需求越来越大，这说明人们对航空视角获取现场信息的重视。但是，实操时必须获得现场指挥的授权，按照要求使用空域。不能干扰已经指定并协调好的遥摄机组工作，也不能干扰现场飞机救援或其他飞行器的正常航行。

不飞预设的禁区

针对无人机的出现，许多职能部门把重要设施、军事机关、大型工地、飞机航路等空域设定为禁飞区。摄影师必须严格遵守禁飞规定，严禁私自进行“黑飞”活动。有关部门应该对私自取消ABS禁飞区设置进行“黑飞”“黑拍”的行为进行有效管理和大力度处罚。

▼ 图1

▲ 图2

▼ 图3

图片说明

•图1: 无人机进入私家别墅在窗前悬停，是否有窥视的嫌疑?

•图2: 游艇上空跟着一架遥摄无人机，人们会不会出现一种被监视的敏感呢?

•图3: 监视社会生活是西方“狗仔队”的作为，如今无人机把这种窥探变得更加便捷。如果这个角度和距离，遥摄对象是不愿公开身份的情侣，是否属于侵权呢?

航摄遥摄特点比较

航摄遥摄特点：无人机航摄和乘飞机航摄之间的共性和差别

摄影师遥控无人机获取影像，与摄影师乘飞行器升空获取影像，是相同性质的“空天影像”。不同的是，无人机遥摄是摄影师通过监视画面间接获取，而乘飞行器是摄影师在空中直视选取。这里，我们对“遥摄”和“航摄”的优势和劣势进行剖析。

无人遥摄的优势

随着关键技术的突破，无人机性能大大提高，机体结构和机身重量实现了最优化配比。载重量大，使机载摄像机照相机可以随意悬挂。价格低廉，使大众买得起、玩得起。不知疲劳，能做到有油就能飞、有电就能拍。不知危险，叫咋飞就咋飞。机体轻便，使飞行安全系数上升，航空管制宽松，空域申请简便。

升空航摄的劣势

因为摄影师乘机航摄要保障人员升空，所以载人飞行器个头都较大，机动性能要求高，各种机载设备复杂，飞行造价可观，购机更贵得令人咂舌。航空管制严；审批手续繁杂；飞行安全要求高；维护、管理、保养、修理……劳神费力。

无人遥摄的劣势

无人机载镜头的视场永远逊于人类直面视场的目光；无人机的智能永远达不到人类的新闻敏感、价值认定、思想意识；站在地面的摄影师凭借机载镜头对景物的框取观察现场，这就限制了摄影师的视野范围，增加了取景的难度，从根本上制约了摄影师的技艺发挥。

升空航摄的优势

可以肯定地说，摄影师在空中直面被摄景物，现场观察、判断、取舍、定格最终获取的影像，应该优于摄影师操控无人机间接地从回传信号中截留的影像。如果通过摄影师升空和用无人机遥控同时对一个地标进行实地拍摄，再把影像作品进行比较，就会发现这两种方式拍出的作品在表现力方面存在的差别。

▲图1

图片说明

▲图2

▶图3

•**图1**：乘直升机航摄，摄影师可以在广阔的视野环境中自由观察选择，完成典型瞬间的视觉截留。摄影师乘飞行器直视地表景物，可以更好地发挥艺术鉴赏力催生的表现力创造。

•**图2**：无人机以其体积小、隐秘性强、机动性好等优势，成为人类的万能视角。无人机可以最大限度地从空中接近被摄人群，逐渐成为大众接受的生活中的常见物。

•**图3**：摄影师乘坐的大型飞机，有续航力长、无线电功率大、抗复杂气象能力强，以及现场处理特情主动等优势。大型飞行器在夜航、高升限、抗风力、稳定性、续航力等多方面，比无人机遥摄更具优势。

•**底图**：无人机遥摄航行自由、成本低廉，特别是在复杂地貌环境和恶劣气象条件下飞行方面，比乘飞机航摄更有优势。

第十一章

Chapter 11

空对空航摄

空对空航摄的学科定义

空对空航摄：摄影师乘坐飞行器、航天器，以宽阔的视野和多方向的视角，捕捉空天间的飞行物和悬浮物的摄影造像学科。

“空对空”摄影包括宇航发射、太空探险、外星登陆，以及战术飞行、特技飞行、科研试飞等高难、高危摄影科目，因其产生的精彩瞬间表现力强、视觉冲击力突出，被誉为空天摄影的最高境界。

定格实弹发射要领

定格实弹发射：聚焦凝结战机机载武器发射的技术规范

虽然在军事行动中使用的兵器不同，实弹发射瞬间的视觉效果不同，但是，航摄各类兵器实施攻击的过程，都会遇到具有共性的注意事项及拍摄要领。

飞行前期的协调

参加飞行协调会，了解作战意图、飞行方案、兵器种类、发射特点等要素。与飞行员和指挥员协调，讲清航摄意图和整体方案。包括：飞机进入角度、与作战兵器的距离、拍摄位置和发射完成后的脱离方向等。参加地面演练，熟悉航摄飞行流程，明确发射时航摄飞机的所处位置。

飞行途中的准备

注意飞行员与指挥员的对话，随时掌握战斗进程。检查相机程序设定，保持快门速度以定格发射出膛瞬间。切忌快门速度调到极限，避免弹体尾焰亮度造成曝光过度。一切须按飞行要领执行，摄影师不能做出超常飞行调度指令。

空临航摄的控制

到达指定空域后，摄影师要协调指挥飞机进入最佳航摄角度。然后，屏住呼吸紧绷神经，锁定目标进行精确聚焦，注意耳机里的作战信息。

关键时刻的操作

飞机进入攻击角度，要辨清发射前的一系列口令：发现目标、准备攻击、距离、预备、发射，等等。摄影师必须熟悉发射前的口令及特点，才能准确掌控时机，确保导弹、火箭、炮弹出膛前按下连动快门。

完成后的状态

飞机完成攻击发射后，会有一个超极限的转向规避动作。摄影师拍摄完毕后，应立即抱紧相机绷紧全身肌肉，以抵抗飞机大幅度战术机动造成的失重压力。

▼ 图1

▼ 图3

▲ 图2

图片说明

- **图1**：摄影师乘另一架战机高度200米以俯视角度航摄直19战机发射火箭弹。
- **图2**：国产歼8 Ⅱ飞机在万米高空，战术格斗高难飞行中发射空对空霹雳导弹。
- **图3—5**：摄影师乘武直9战机在直19战机上方，高俯角航摄发射火箭对地突击的过程。

▼ 图4

▼ 图5

聚焦飞机飞行编队

飞机飞行编队：两架以上飞机按一定队形编组飞行

因为飞机性能相近，可与被摄编队缩小速度差或保持等速飞行。这样，摄影师就能在与编队伴航的位置上，适时截取具有动势的编队飞行瞬间，表现飞机性能和训练水平。

队形变化中截取

要注意截取队形变化的动态瞬间，只要编队动态出现变化，就是快门响起的时刻。飞机一转向，就可以拍摄。因此，要特别注意队形变换前指挥员和飞行员的口令，以便在瞬间变化中不失时机。

相对运动中抓拍

摄影师应该在跃升、俯冲、盘旋等大幅度动作中，抓住与被摄飞行编队之间相互运动产生的变化，充分表现编队的整体飞行姿态。

切入角度中选择

在编队做固定航向飞行的情况下，拍摄工作机应主动调整与编队的位置，从上方、侧方和下方不断切入，在相对角度变化中捕捉瞬间。

光影变化中聚焦

利用光线变化塑造有感染力的影像，特别是日出日落光线变化较大的时段，让编队与洒向天际的霞光融为一体。

避免危险中航摄

在高速飞行的机群旁，出现一架为寻找航摄角度而随意乱插的飞机，危险性是可想而知的。所以，必须得到编队认可后，工作机方能接近编队寻找拍摄角度。而编队在机动变化飞行中，工作机必须保持距离避免危险接近。

图片说明

- **图1**：正对歼8飞机横向编队，虽然看上去过于整齐呆板，却是庄重的具有记录意义的标准照。
- **图2**：国庆70周年庆典中，直20和歼20战机同框编队通场。
- **图3**：尽量让飞机主体在画面中占的比重较大，用长焦镜头拉近众多飞机的飞行间距，加强其视觉效果。
- **图4**：航摄多架飞机空中飞行编队，是一个“从混乱中寻找秩序，从秩序中制造混乱”的过程。
- **底图**：在飞行编队中，用长焦镜头调取飞机的局部结构，已成为航空摄影师常用的影像特写艺术表现手段。

▲图1

▲图2

▲图3

▶图4

图5

图6

▼图7

图片说明

•**图5**：摄影师在武装直升机大编队飞行中寻找秩序。

•**图6**：这是一个装饰感极强的超大飞行编队画面，但是由于顺光中迷彩涂装的飞机与地面绿植融在一起，不仔细观察无法辨识飞机的存在。

•**图7**：队形不整齐倒加强了编队出击的战斗气氛，出现饿虎扑食的视觉效果。

•**底图**：在歼7编队巡航海南天涯海角的战术机动中，摄影师乘歼教机抓取了编队飞行姿态变化的瞬间。

航摄起降阶段目标

起降阶段目标：飞机起飞降落航段周边景物的兴趣点

飞机起飞降落航段，飞行高度低与地表相对距离近，为航摄机场周围景物提供了条件。特别是降落阶段，飞机经常会围绕机场盘旋，这是航摄机场全貌和主要功能特点的好机会。

起降阶段的特点

滑行阶段，近似一次乘车漫游，是运动中截取机场设施和各类飞机的好机会。起降阶段，是航摄机场的最佳时段，高度较低，距离机场或当地城市较近，地面景致清晰。爬升阶段，高度低、速度快，景物后掠闪现瞬间短。盘旋阶段，飞行航向、飞行高度、光照方向、俯瞰角度等要素不断变化，对摄影师的观察和操作要求很高。

系列操作的快捷

起降过程中飞机与地表相对运动快，光线和角度变化大，瞬间搜索建立兴趣中心，定格主体景物难度较大。起降阶段颠簸大，景物相对运动速度快，要注意精确聚焦，提高快门速度以免画面结像模糊，少斟酌思量尽量多拍。飞机围绕机场盘旋飞行，应该用广角镜头尽量观照整个机场，留下一幅完整的机场鸟瞰图像。同时注意机场与周边环境的地貌特征，发现最有特点的部位，主要是航站楼和机群等。

严谨构图的生成

鸟瞰机场，跑道的线性特点是最主要的画面构成要素。表现全貌时，应注意把握跑道在画面构图中的走向。表现局部时，应找出跑道最具表现力的线条分段。在表现跑道功能时，要结合现场设施、停置的飞机和运动中的飞机，表现机场特点和跑道的功能。

图1

图2

图3

图片说明

- **图1**：正在举行盛大的航空体育运动节的莱芜雪野湖通用机场。
- **图2**：乘公务飞机自北京西郊机场起飞后，航摄到的机场跑道与颐和园主景区的关系。
- **图3**：陆军航空兵某直升机机场跑道上，整齐排列着胜利大阅兵空中梯队直升机大编队。
- **底图**：2019年刚刚投入使用的北京大兴新机场全貌。

描绘高天云山雾海

高天云山雾海：天空中的积云和笼罩低空的雾霾

乘民航机出行，万米高度经常是满天霞蔚云海绵绵。如遇山峦奇峰刺破雾瘴兀立于云涛之上，湖光山色透过白云映衬于天宇之间，真可谓蔚然壮观，令人神驰。面对偌大的天空、纷乱喧嚣的云海，拍些啥呢？

画意摄影的描绘

地面阴雨笼罩，万米之上雾海云山，在光影的变幻中多彩多姿。高天放眼观远云，无论是云峰独秀，还是云山叠嶂，都是值得描绘的美景。遇到这种天象，虽说是信手拈来便是佳作，但还是应该进行审美选择，用天空做画布，相机做笔锋，云海做元素，用中国画的写意画风描绘云山雾海。

象形影像的入神

按照人类对生命的认识和生态的解释，我确立了一个拍摄难度极大的选题——云海象形摄影。仔细观察云朵的形态，取其局部做拟人拟物的想象，可以获得许许多多大气云彩塑就的“动物”“生物”“人物”……真可谓形神入画的自然与生命的再现。

应用价值的取向

虽然高空云景层次丰富、形态别致，但是，茫茫云海千篇一律，见多了就会出现视觉疲劳，没了创作动力。因此，必须确定一个价值取向，比如：艺术作品积累、图片背景底图、参加摄影比赛、装饰设计资料、出售给广告公司或是出版年历台历等。拍下来有用，就会激发极大的航摄兴趣。

图片说明

- **图1**：云雾缭绕的四川宜宾市，空灵寂寥、邃远宁静，像神话中的天宫，我在那里寻找七仙女的影子。
- **图2**：喧闹的云影构成无序的图案，仔细品赏发现似现代影视大片造就的天宫战场，似龙的云形挟疾风。
- **图3**：两架民航飞机带着祥云呼啸而至，造就了“风乍起，流云皱”的诗画般情愫。
- **底图**：云雾山峦变化缓慢，慢速的韵律形成舒缓悠然的气氛。

▼图1

图2

图3

注意旋翼飓风特征

旋翼飓风特征：飞机桨叶挥舞形成空气扰动的特点

目前，用于航摄的无人机和直升机，都像背着一个或数个大风扇，用桨叶旋转产生的空气流动推力矢量形成升力，支撑飞行器承载人员和器材升空航摄作业。桨叶煽动给飞行器带来动力的同时，也在起降现场和飞掠过程中，对周围环境形成了旋翼飓风吹动条件下的局部特殊形态变化。

自然状态的惊扰

任何旋翼飞行器在超低空飞过时，都会携响声和旋翼风使翼下的人物、动物产生惊扰，造成姿态和神态的变化，出现千篇一律的"抬头看"现象。旋翼风还会打破地表植被、平静水面、沙漠塑形等地貌的原始状态。摄影师航摄前应预先考虑到，旋翼风对生态环境和人物状态造成的破坏因素。

翼下作业的危险

大型直升机形成的旋翼风，瞬间可达台风级矢量，这极易对旋翼下作业的人员和器材造成危害。包括：刮起砂石、卷起器材、损伤眼睛、摔伤肢体……因此，摄影师应该在飞机起降过程和超低空飞掠中，根据航向和风向避开旋翼飓风区。

植被状态的改变

旋翼飞行器超低空飞行或悬停，桨叶舞动会对现场植被的状态产生影响。飞行器接近地面、水面、沙面、雪面时，随着吹动力的增减，给一定范围内的地表植被造成特殊的风动变化，比如：把水面吹起波纹，把蒿草吹得四处倒伏，把浮土吹得昏天黑地，把建筑工地吹得飞沙走石等等。

现场气氛的渲染

直升机的桨叶舞动在起降和悬停的局部环境中，营造出特有的感染力较强的旋翼吹动现场氛围。这无疑增加了航空环境的形象元素，出现极具装饰性和陌生感的形状、雾状和纹理，这是形象表现的夸张因素，形成了旋翼飞行器独具特色的一道风景线。

图片说明

•**图1**：大型直升机群超低空掠过，产生的旋翼飓风能量不可小觑。

•**图2**：在拍摄这幅直升机编队"空袭敌后"照片时，由于正处于直升机群贴地起降的航路上，把摄影包和镜头等装备一齐吹上了半空中，造成很大损失。

•**图3**：直20战机强大的翼尖风把荒草吹得漫天飞舞。

•**底图**：武装直升机在超低空悬停状态中，桨叶舞动把水面煽起一片细浪。

▲图1

图2

▶图3

航摄航空母舰主体

航空母舰主体：以舰载机为作战武器的大型舰艇全貌

航摄大型航空母舰主体的要素是：用调整航摄工作飞机的高度，取得相应的航摄角度；用控制摄影镜头的焦段，框取航母全貌和局部；用航摄机位与航摄主体间的距离，强调航母的空间感、立体感、环境嵌入感，等等。

航摄机种的选择

乘直升机长时间游弋于天空捕捉瞬间当然很好，但直升机与舰载机航速差太大，为防相撞往往会被要求离航母很远。最理想的是：乘舰载预警机，在战机编队前方领队位置同向等速飞行，打开后舱大门，迎着空中和海上舰机编队航摄。

影像效果的要求

如果是功能性记录，就要按照其作战使命和科目程序，准确直白地纪实航摄，不应有任何粉饰和夸张。如果是唯美的展示，就应该发挥航空优势，用俯瞰视角、光影塑造、动势刻画等创意手法，塑造航母的视觉气势和壮美效果。

航摄角度的调整

在航母没有舰载机起降飞行的情况下，除了超低空危险接近以外，航母周围全方位都是航摄的好角度。我以为：航母标准照的立面，应该选在左舷正侧或前侧方，加上侧逆光位是最理想的航摄角度。

理想高度的设定

航摄航母的理想高度，也应该以避开舰载机飞行空域为前提。我以为：200米应该是航摄航母的理想高度，因为这里超出舰塔制高点，镜头能够覆盖舰载机编队与海面航行的航母编队。

周边环境的衬托

航摄应尽量括揽更多的影像信息，记录航母周围的状况，比如：地理地貌、海域环境、港口建筑、编队态势、舰艇数量、编成配系等等。

航行轨迹的表现

航摄航行中的航母，航摄工作飞机可进行：侧方伴飞、尾随跟飞和前、中、后方横向截飞这三种样式的航摄飞行线路。浪花和航迹是表现航母气势的重要元素，航母航速越快，浪迹越突出。航摄飞机飞行高度越低、距离越近，航摄浪花航迹的装饰性、表现力就越强。

图片说明

•**图1：**低空100米，位于航母正上方航摄的舰桥、雷达、飞行控制塔台，航母的核心指挥和电子设备集中部位，可以俯瞰航母核心作战指挥塔台和停机坪的各类战机。

•**图2：**这是直升机在航母前方位置航摄的前部甲板俯视图。

•**图3：**航母所处港湾的地理环境与周边建筑的关系。

•**底图：**200米至300米飞行高度，是航空拍摄航空母舰全景的最佳安全高度，战机和塔台设施一览无余。在右前方位航摄的侧立横面图像，对角线的构成最大限度地展现了航母全貌。

图1

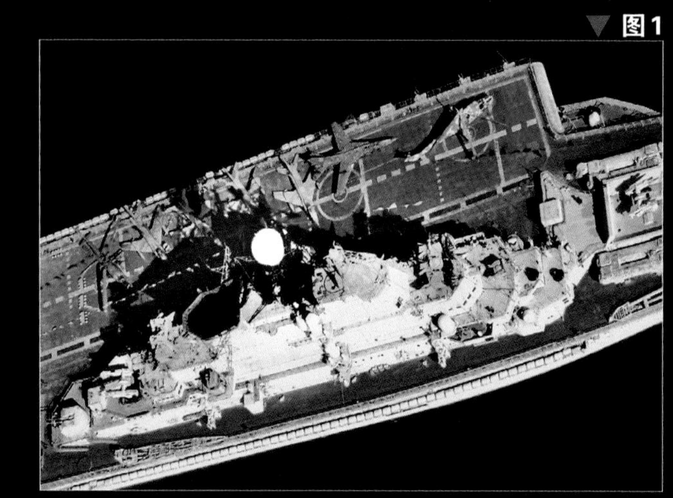

图2

图3

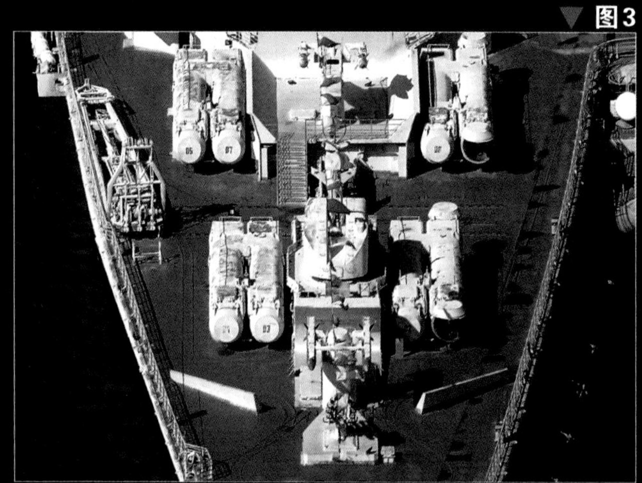

凝结飞机旋翼挥舞

凝结旋翼挥舞：定格飞机桨叶的影像虚化程度

在航空器摄影中，桨叶的成像虚实能够传达出动感的强弱效果。因此，摄影师应该掌握不同类型的飞行器旋翼转动速度常识，以便在航摄中根据效果需要，把握画面中旋翼凝结的程度。

旋翼成像的特点

在拍摄旋翼桨叶时，摄影师须通过相机快门速度，恰到好处地掌控结像定格程度。快门速度越慢，旋翼虚化程度越大，动感效果越强。

旋翼挥舞的速度

飞行器螺旋桨的舞动速度，一般在每分钟300至2000转之间。直升机桨叶旋转较慢，固定翼飞机桨叶转动相对较快。摄影师不必去计算旋翼转速与快门速度间的精确数据，只要在实操中注意体会，就会掌握旋翼在影像中舞动程度的技术参数。

旋翼凝结的参数

摄影师可以在1/5秒至1/500秒的快门速度中，寻求旋翼不同程度的虚化效果。亦可用1/500秒至1/2000秒以上的快门速度，让旋翼相对凝固定格。

慢速拍摄的跟踪

运用1/200秒以下慢速快门，飞机桨叶就会不同程度地舞动起来。但是，摄影师乘坐的飞机以及被摄主体都在高速运动，这么慢的快门速度无法端稳相机凝结影像，只能运用追随拍摄法，瞬间摇动相机跟踪被摄飞机按动快门。

▼ 图1

▲ 图2

▲ 图3

▲ 图4

▲ 图5

▲ 图6

图片说明

•**图1**：这架运12飞机在进行单个发动机飞行，摄影师用1/60秒的快门速度，拍下两个发动机转与不转的视觉差别。

•**图2**：可以用桨叶的凝结程度，判读飞机动与静的区别。

•**图3**：小型固定翼飞机螺旋桨叶转动较快，用1/100秒可让它动起来。这是用光圈F18、速度1/50秒拍摄的圈形桨叶，强烈的阳光在桨叶挥动区形成一道闪电似的高光。

•**图4**：用1/60秒以下的快门速度，才能使桨叶出现较强的挥动感，否则桨叶挥舞会被景物吞没。

•**图5**：拍摄大型直升机用1/125至1/250秒的快门速度，能够使恰到好处地使桨叶出现动感。

•**图6**：大型武装直升机桨叶运动较慢，用1/125秒航摄桨叶出现动感。

航摄飞机外貌颜值

飞机外貌颜值:飞行器主体外形的威武或靓丽程度

航空器作为人类最高的技术集成器物,往往成为国力军威的具象。近年兴起的“空对空”航摄艺术,就是在空中为飞行器拍肖像。那些乘飞机航摄的飞行器具有很强的形象感染力,被广泛用于代言宣传或广告推介。

运用环境的烘托

航空器是依据飞行使命设计制造的,不同种类的飞机执行着各不相同的任务,摄影师可以利用特定的空间特点形成的环境气氛,烘托飞行器的颜值。并根据宣传要求,结合任务塑造飞机在完成使命中的“工作照”。

强调光影的渲染

摄影师在空中进行影像塑形创作时,必定运用光影形成的色彩,营造特定的环境氛围,增强航空器主体的颜值。虽说“冷兵器”没有情感,但是,摄影师的创作灵感,必定通过不同的色彩表达不同的寓意:黑灰色表现战斗机的凶猛,湛蓝色表现民航机的温馨,红黄色表现公务机的华丽……

刻画姿态的变化

飞机种类不同,飞行姿态亦不相同:战斗机飞行迎角大;通用机飞行角度平;民航机飞得高;直升机贴地飞掠……飞行器飞行的千姿百态,显示着它的性能特点,展现着它的造型风姿。如何定格瞬间飞行姿态,是“空对空”航摄的魅力所在。

选择立面的塑造

立面结构是飞行器展现颜值的主要形式,几乎所有飞行器的前脸都是最具表现力的部分,其次是侧方。在“空对空”航摄中,以拍摄航空器正前方难度最大。国外多采用摄影师乘大型运输机,与被摄飞机前后串列纵队飞行的方式,打开后舱门向后拍摄跟飞的飞机或编队。我国采用同类型飞机编队伴飞航摄的方式较多,因为只能航摄飞行器的侧方,表现力明显弱于前者。

▼ 图1

▼ 图2

图片说明

- **图1：** 这架在西藏贡嘎机场起飞的班机，在夕阳的辉映中像是着了浓重的彩妆。
- **图2：** 战机在海水的波光中，充满了热烈恢宏的气势。
- **底图：** 2016年中国珠海航展，国产歼20战机首次亮相，进行大幅度跃升高难飞行表演。

图3

图4

图片说明

- **图3**: 歼11战机穿越雅鲁藏布大峡谷，色彩和环境打扮着这架贴地飞掠中的中国主力战机。
- **图4**: 运用倾斜的角度拍摄，使运20飞机庞大笨重的躯体显得轻盈矫健。
- **底图**: 威武的战机在晨辉中挥舞起彩带，像是在战斗之余婀娜多姿翩翩起舞。

利用复杂气象视效

复杂气象视效：极端恶劣天气的特殊视觉感受

影响飞行和航摄的复杂气象天气包括：雷暴、沙尘暴、雨雪、龙卷风、风切变、积雨云等。复杂气象条件下，天地间往往会出现表现力极强的奇特景观，只要允许升空，就是难得的航摄绮丽风光的时机，当然这也是极易发生险情的高危作业。

雾霾视效的特点

雾霾，改变大气透视，影响物体和环境反射投影的清晰。色彩不再鲜明，景物不再清晰，立体感不再强烈。雾气缭绕使若隐若现的景物出现朦胧的中灰影调，造就出洁净神秘的高调影像。创造出云山雾罩的凄美景象，带给人们“暴力美学”视觉感受的迷惑和灼痛。

阴雨透视的特点

雨水冲刷大地，细雨笼罩山川，乌云密布天空，阴雨给大地披上了黑灰色的调性，物体反差削弱，产生孤寂凄楚的壮美画卷。只是照相镜头会沾满雨滴雨水，严重影响对外透视。要注意对照相设备的防雨防水，以及对无人机设施的防护。

风动危害的特点

气压和气温的变化使大气产生风的水平流动，虽然影响镜头结像，但对飞行的影响较大。阵风会扬起沙尘；冷风会导致电能消耗加大；气流会造成无人机颠簸晃动……

空中积云的特点

积云是大气中水凝结的产物，由固态和液态悬浮粒子等多种气体混合组成。它不仅反映当时的大气状态，而且还能预示未来天气的变化。积云是影像艺术的装饰和形式元素，也给飞行带来诸多危险和难点。云中能见距离小，影响地表识别。积云的反差较普通景物要小，曝光过大过小都会影响画质。

图1

图2

▲ 图3

图片说明

- **图1**：奇特天象中的飞行表演拉烟和打弹，绘制出一幅大气磅礴的空天画卷。
- **图2**：乘民航机在复杂天象中穿越，会遇到许多气势磅礴、令人激动的壮丽场景。
- **图3**：简易直升机在夏季的大兴安岭山区飞行中遭遇强阵风加暴雨。
- **底图**：天空出现的近似龙卷风的云型，令人望而生畏。

航摄航母战机起降

舰载航母起降：在航空母舰上起飞降落的飞机

随着人们对航母的关注，以及世界各国对航母甲板飞行的日益开放，热爱军事的发烧友们有更多的机会登上航母，一览舰载机起降的风采。因此，如何在航母上拍摄舰载战机甲板飞行活动，成为航空摄影师的新课题。

甲板环境的特点

航母甲板这座海上机场的特点就是有序却杂乱，摄影是梳理简化的过程，得从混乱的情景中，寻找表现飞行程序中典型的秩序和主体结构中简约的构成。甲板面积虽小，舰载机种却很多，人员衣服装具因分工复杂而异彩纷呈，加上军舰航行和飞机飞行，比一般陆地机场显得更加繁忙而集中。

甲板机位的选点

甲板摄影位置只指定前后两处：一处是甲板左舷后方的LSO(甲板飞行指挥)位置；另一处是在甲板右舷舰岛前方的升降机附近。LSO位置离舰载机着舰阻拦索很近，可以以舰岛为背景，跟踪舰载战机的着舰过程；舰岛前的位置，离飞机起飞点很近，可以拍摄舰载机起飞及着舰的过程。

舰岛高点的俯摄

舰岛及舰桥，驾驶台以及贯通舰岛前后的舰桥，是舰上的制高点和俯视拍摄机位。这里，视野开阔可纵观甲板全局，又可借助轻俯视角度，分析舰载机甲板活动的细节。驾驶台以上的平台和桅杆还有5层楼高，俯视角度加大会更好地表现甲板上的战机。

动感亮点的凸显

面对极速运动中的战机，摄影师最常用的技法就是用高速快门使主体定格，战机凝固在静止的平面影像中。我建议运用虚实结合凸显动势、强化斜线凸显动势等几种形式表现动感。尤其重要的是利用烟气凸显动势：运用战机着舰时轮胎与甲板摩擦腾起的烟雾、加力起飞时尾部喷出的烟气、尾喷火焰形成的气浪等，展现虚无缥缈腾云驾雾的效果，强化战机的动态美。

安全要点的注释

摄影师要根据舰上要求选择安全的拍摄位置；身着救生背心以防万一落水；因距离战机起降点太近，需做好耳膜的防护；注意紧固携带的照相设备，确保不滑脱不吹散；在甲板上移位时，切忌逾越飞行甲板标定的红线；了解电磁场辐射危害的范围，以避开隐形杀手的侵害。

图1

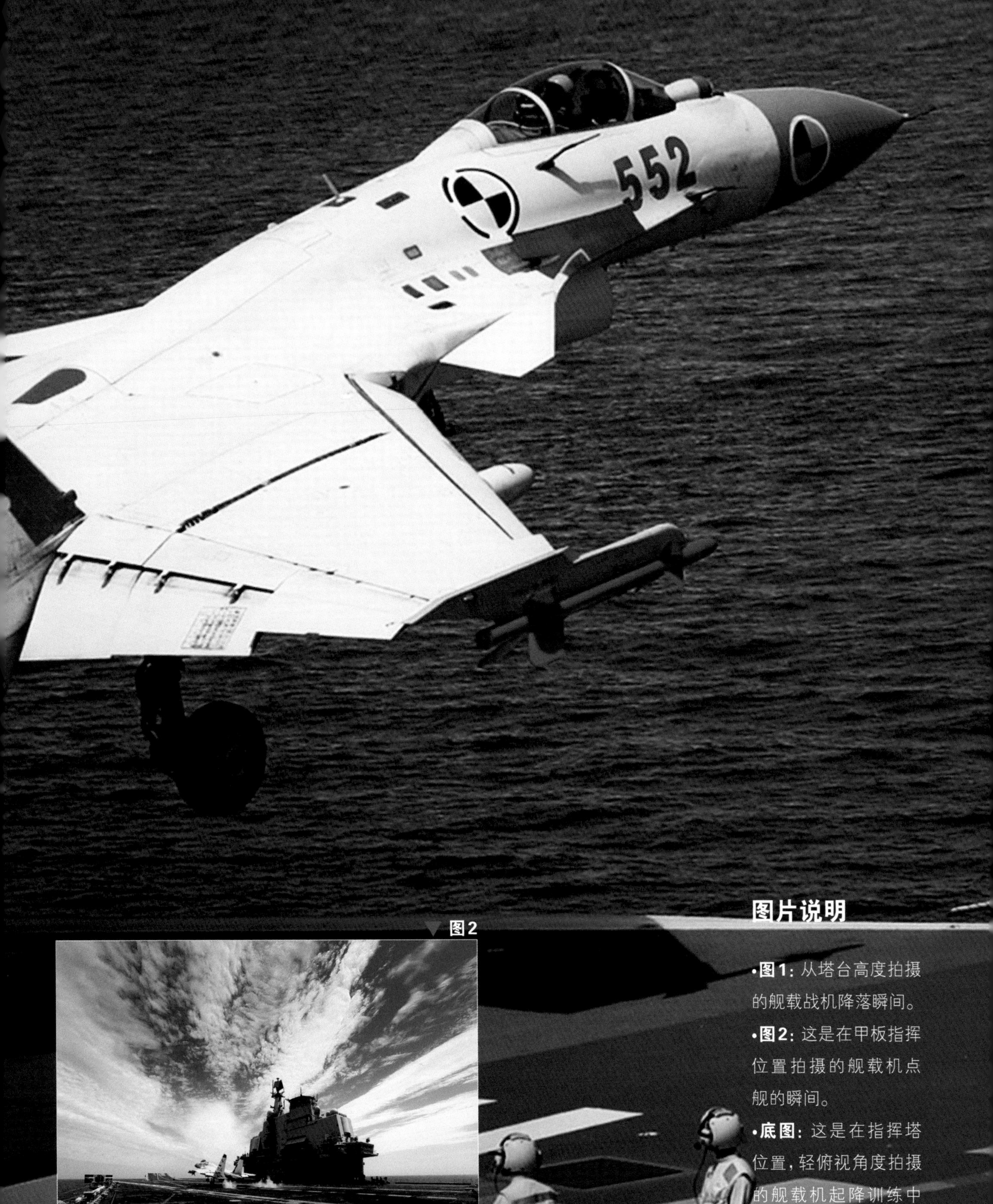

图2

图片说明

•**图1**：从塔台高度拍摄的舰载战机降落瞬间。

•**图2**：这是在甲板指挥位置拍摄的舰载机点舰的瞬间。

•**底图**：这是在指挥塔位置，轻俯视角度拍摄的舰载机起降训练中的瞬间。

图片说明

•**底图**：降低拍摄角度，飞机高出舰塔，舰载机显得更加威武。

第十二章 Chapter 12

空对地航摄

空对地航摄的学科定义

空对地航摄：摄影机定位于飞行器和航天器上，从空中俯瞰撷取星体地表景物、器物、生物和事物的造像学科。

通俗地说就是：坐着飞机或航天飞机从天上看大地、拍大地。人们愿意用“神传视角”来赞美这种颠覆人类视觉习惯的透视方向的革命。

描写城镇风光风貌

城镇风光风貌：非农业人口集中居住地的整体面貌

航空飞行使我们有条件在空中最大限度地机动选择，不受任何地域限制，不受任何物体遮挡，自由地寻得表现城镇总体风貌和局部特点的最佳高度、最佳角度、最佳光影、最佳立面。

标志建筑的确立

在航空俯视整个城市概貌时，把这座城市的标志性建筑和代表性地物作为视觉中心，见证一座城市的成长变化进程，并作为航摄任务的主打照片。

环境特点的发现

俯瞰城镇环境，犹如洞察人与自然和谐共存的境况。航摄城镇风光首先应发现被摄城镇的环境特征，并结合城镇的规划特点、建筑特点和色域特点，制定描绘城市的航摄预案。

高空全景的俯视

依据城镇主要景观区域和光影再现效果，指挥飞机提升高度，利用广角镜头扩大视角范围，俯瞰城市建设与环境风貌的融合，以及城市的整体规划，取得以主景观为中心的全景印象图。

低空局部的选摄

在航摄城镇全貌照片的基础上，要求飞机降低高度贴近地表。运用风光和建筑摄影的技艺要领，发现飞经地域偶然呈现的具有代表性和表现力的城镇亮点，让独具特色的道路、广场、楼盘、纪念碑等形成的优美结构和艺术造型作为形象补充，丰满完善主题内容。

图1

图2

图3

图4

图片说明

- **图1:** 这是海南陵水沿海渔业基地之一，渔船和城镇相互依存遥相呼应，形成了颇具特点的居住地环境风貌。
- **图2:** 用长焦镜头压缩空间的特性，表现乌鲁木齐中心商业区的楼宇。
- **图3:** 这是深圳世界公园中的微缩景观——“巴黎埃菲尔铁塔”。
- **图4:** 用弯曲的海岸线和城市建筑的完美结合，展现海滨城市青岛的魅力。
- **底图:** 以建在山上的深圳电视塔为前景，表现这座著名城市不一样的立面。

凸显冰雪原野特点

冰雪原野特点：被积雪覆盖的山野地貌的概况

对航空俯视影像而言，降雪就是把五彩斑斓的大地涂抹成黑、白、灰色界的过程。积雪没有改变地表的结构，却改变了植被和色彩。如何通过空中俯瞰雪野高反差的地表形状组合，用影像艺术表现地貌结构的形式美，是航空摄影艺术创意的重要课题。

雪中雪后的特点

正在下雪和刚下过雪的地表，被白色全部覆盖，地物裸露的很少。而进入融雪时段，大地就会依照化雪的程度出现斑驳的地表奇观。我更愿航摄融雪时的雪野，因为那时地物变化万千。

雪野地貌的结构

大雪会把大地覆盖得严严实实，使地表结构和色彩简洁到只留下沟坎轮廓。航空机动和高度，注定不能像地面近距拍雪景一样讲究质感和细节，空中航摄只能运用地理线条和光影调性等艺术要素，选择雪景中有代表性的地表结构，渲染和概括大地筋骨和地貌特征。

视觉雷同的规避

被大雪覆盖的山野，色域变得高度统一，地形地物缺少色彩和形状变化，极易因雷同的白雪，使摄影师产生视觉雪盲，丧失创作兴趣和灵性。可使用超长和超短焦距，用镜头的地域括揽大小和透视变化，配合光影的运用，加强美学造型艺术手段的变化，打破千篇一律的景致塑造瓶颈。

雪景光效的掌控

考虑到阳光的强度和入射角度，航摄的时间最好选择在一早一晚，即上午9点以前或下午4点以后。当阳光低角度照射时，光线在雪面的反射角度较小，画面会更加柔和。此时的逆光是最佳选择，透射的阳光能够很好地突出景物的明暗反差。

注意冰雪的反光

在高角度光线的照射下，雪面的反射率可达到95%。冰雪的细节容易淹没在强烈的反光中。但是，反光在艺术创作中并不是一无是处。在拍摄雪原、雪山等广阔的场景时，雪本身反差很小，高光带的出现打破了白雪皑皑的单一，使平淡的景物出现光影变化，从而衬托出雪原的广袤空间。

▼ 图1

▲ 图2

图片说明

•**图1**：空中俯瞰冰雪覆盖的长白山天池，在阴暗的无光区域，积雪释放的紫外线使雪野变为蓝色，令人称奇。

•**图2**：空中俯瞰冰雪覆盖的山野，高度落差已成为观者视觉意识中的延伸，直接的画面效果是平面的结构图。河流的穿越是雪野变化的最大亮点，航空俯视摄影无法做到高质感和细微描绘，只能用粗犷的结构来写意。

•**图3**：远眺小兴安岭的群山，这里形成了无限重复的裂谷式地理特征，在残雪的勾勒中显得装饰性极强。

•**图4**：乘民航客机在复杂气象条件下航摄的冰天雪地中的黑河流域。

▼ 图3

▼ 图4

勾画冰封江河躯干

冰封江河躯干：被低温冻凝的河流干道走向

冬季飞行中俯瞰北国风光，千里冰封，万里雪飘……自由流淌的江河湖湾被冰雪雕塑成黑、白、灰图形，镶嵌在山川大地上。千奇百怪，变幻无常，以其取之不尽的画意素材，成为航摄影像艺术创作的重要领域。

河流纤体的呈现

航空俯视角度观察大地，冬季的河流只留下线条的组合。除人工运河或水库外，多半河流呈曲线、弧线、波线和涡线等自由形素。摄影师可以根据自然形态中的线型关系，建立画面的建构框架，依据江河线条位置关系形成的形式美，选择定格那些给人以优美感、飘动感、流畅感，甚至扭曲感和波动感的影像画卷。

局部河汊的表现

空中俯视河汊形成的局部线条，是河湾结构变化最多最复杂的部分。摄影师在借助航空优势大面积括揽地貌，表现河流大纵深透视感的基础上，应该把镜头推上去，分析河汊江湾局部线性的复合型素，以及地表雪野的自然质理形成的线型复合美、参差美、韵律美和自由美。

人文融合的河湾

空中俯瞰，河湾与人文是紧密结合在一起的。优美的水系总是伴着人类生活的痕迹，大雪覆盖了表层，却留下了明显的轮廓。梯田、农舍、道路……融合在冰封江湾河汊的许多角落，这些人文景观的元素，成为冰封江湾航摄创作题材的重要发力点。

河道嵌入的地貌

冬季的白雪淹没了色彩划定的界限，把江湾河道与大地融为一体，勾勒出河湾沟坎的地貌特征，使人们一目了然地观察到现场的地壳起伏变化。航摄中应该把河湾的曲线与地貌形素融合一体，概括、简化、提炼出反映河道地貌的俯视画面。

▼ 图1

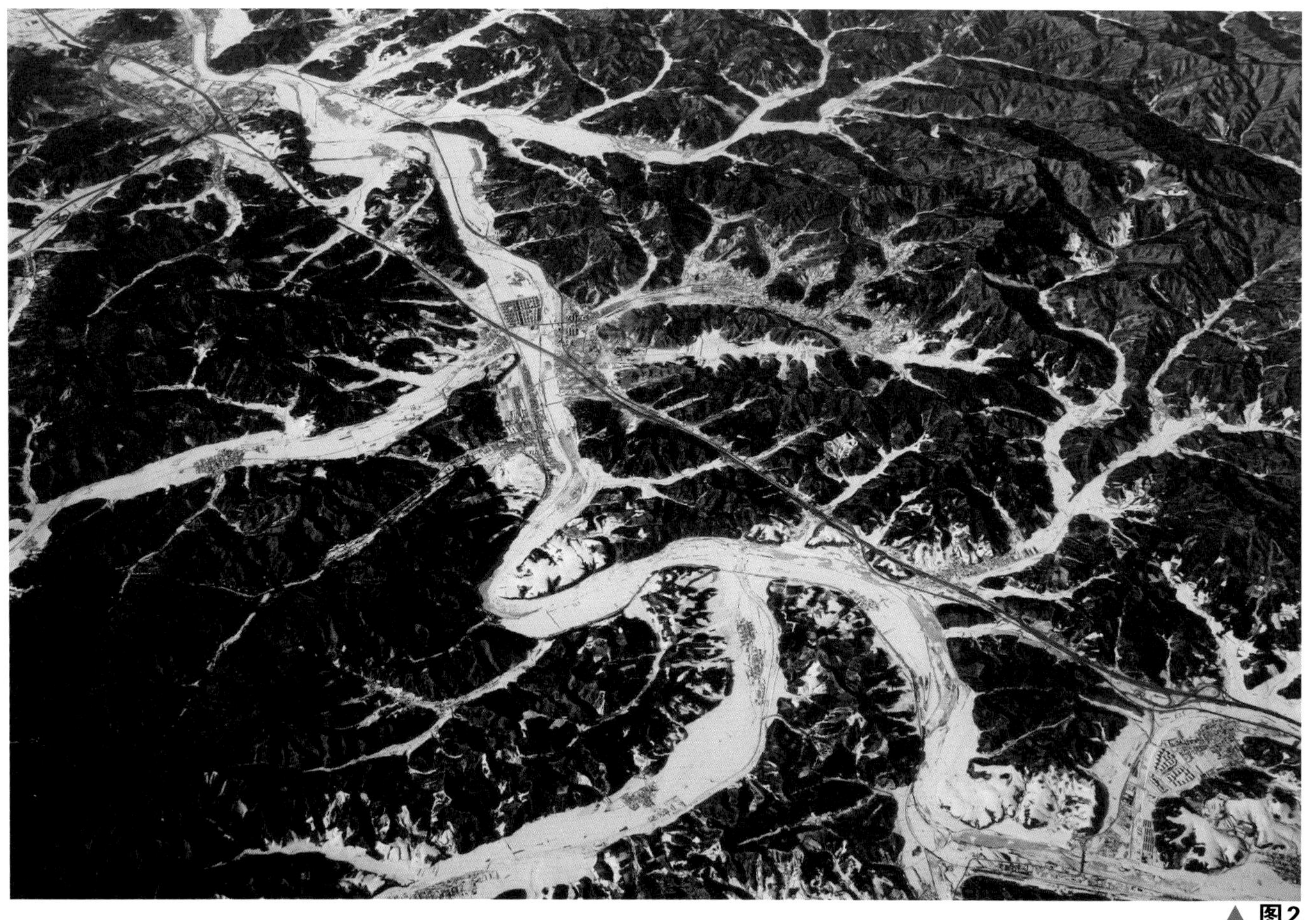

▲ 图2

▲ 图3

▲ 图4

图片说明

•**图1**：高空俯视冬季结冰的黑龙江，似显微镜下的血脉，雪野中游弋于大地的河流绘成浓墨淡彩的国画。

•**图2**：凝冻的河床仿佛扭着身躯翩翩起舞。

•**图3**：航空视角让观者视线顺着凝冻的白色纽带投向远方，河道呈半规则的弧线自由曲线，像一幅超现实主义的抽象画。

•**图4**：冰雪覆盖的江流像一条条丝带，把大地串联起来。

探究典型农宅民舍

典型农宅民舍：农民居住的有地域和民俗特点的房子

中华民族有着悠久而厚重的民居文化历史。航空摄影是表现这类题材的最佳方式，农宅民居的俯瞰影像有着无限的形象魅力，拥有广阔的艺术创作天地。

发现民俗的特点

农宅有着典型的民族建筑风格，中国各地、各民族的农宅民舍虽大同小异，但保留了明显的地域特征和民俗特征，而且随着现代化的进程，记录这些特征就是历史记录，也是十分丰富的艺术创作领域。

刻画地域的环境

千变万化的农宅民舍镶嵌在广袤的地域中，摄影师应该尽量选择最具特点的视觉关注区，让环境衬映出农宅民舍的形象特征，这是航空风光摄影的重要表现领域。

表现季节的特征

与大型城镇不同的是，民宅及环境的外观形象随着季节改变着，摄影师应该把季节特征统筹到航摄计划中。让大自然的春色、夏韵、秋意、冬雪把农家居所打扮成各有千秋的靓丽画卷。

捕捉光影的变化

俯视中的民宅及环境，随着日照角度、亮度、色温的变化呈现出不同的影调。摄影师要选择理想的光照时段，以达到预期的光影造型效果。

图1

图2

图3

图片说明

- **图1**：浓浓的秋色装扮着镶嵌在河北大山深处的小村落。
- **图2**：海南陵水黎族自治县海湾的渔民简舍是充满温馨的海上家园，展现出单纯却不简单的和谐生活。
- **图3**：无数自由波曲线的重复套叠，使山村宁静的环境出现了视觉局促的感觉。
- **底图**：梯田形成整齐的倾斜曲线，呈现出运动式布局，使恬静的山村出现了流动的美感。

建构桥梁线性组合

桥梁线性组合：桥梁躯干呈现的集合线条

桥，是路网的纽带，是城市建设的标志。运用航空高度和机动，摄影师能够很好地表现立交桥的宏伟气势，选取局部特点，聚焦细部结构，在俯视观察中取舍线条，组合线性构架。

凸显立交的气势

表现立交桥的宏伟气势就得图解它的枢纽功能。在图像表达中既要展现立交路网的错综复杂，又要展现路网与周边环境的关系和交融，让绿化带、楼群、广场烘托立交桥的宏观场面。

表现立交的结构

空中俯瞰，立交桥成为一堆有节奏的团状线条。每座立交桥都有它的结构特点和环境特点。寻找独特的交错连接局部，通过线条形式变化展现它的结构美，是表现立交美的关键。摄影师应运用审美经验，从复杂中提炼简洁的构成秩序，从形式要素中渲染其夸张的韵律美。

塑造立交的光影

航摄日光下立交桥的光影变化，主要参照建筑摄影的要领，运用早晚斜光线照射产生的明暗关系，以及早晚日光和天光色温变化产生的色彩变化，塑造立交桥的光影效果。

描绘夜间的立交

大面积灯光照射中的立交桥，会出现明暗失衡，甚至超出肉眼和照相机的宽容度。因此，临空航摄中不能完全依赖测光系统，以免造成曝光过度或不足。必须根据现场亮度分布情况，适当增减曝光量，以兼顾包容明暗光比较大的立交场景。

▼ 图1

▲ 图2

图片说明

- **图1**：泉州跨海大桥形成了城市的快捷通道，用桥的结构体现周边地貌环境的关系。
- **图2**：对角线型构成使画面充满了画艺的完美表象。
- **图3**：随直升机飞过拉萨贡嘎立交桥，优美的结构使立交桥有了风光摄影的艺术表现情趣。
- **图4**：首都新机场高速干线在夕阳映照下优美的线条。
- **图5**：飞机提升高度，用相对垂直俯瞰角度观察立交桥的结构，落差感消失，成为一幅线状平面图。

▶ 图3

▼ 图4

▼ 图5

沙漠地貌光影塑形

光影塑形沙漠：用光影和角度描绘被黄沙覆盖的地域

自古以来沙丘驼影就是艺术家钟情的创作题材。但是，近代航空俯视沙漠荒野的优秀影像作品却十分罕见。或许是飞行器鞭长莫及？或许是大漠荒沙缺少生命活力？或许是现代运力发达驼影已经无踪？尽管如此，俯视大漠荒沙仍是崭新的广阔的创作领域。

避开沙漠的平淡

高度落差消失，景物反光率平均，色调基本一致。加之飞行高度使相机影像还原对相近色调质地表现层次不够丰富，造成沙漠内部结构线条不清晰甚至消失，画面表现为一块呆板缺少变化的色块。

俯视沙漠的特点

打眼一看，沙漠景象千篇一律。但仔细观察，沙丘除了有序的排列外，随着受风面的不同展现出奇形怪状的形体变异。沙型在静止的状态下表现出的流沙动势，给因为缺少生命体而死气沉沉的沙化大地，注入了强劲的流动感。

选择流沙的塑形

应该尽量避免坐着飞机不加选择地对毫无变化的平板沙滩按动快门。在空中发现有秩序感的沙漠地貌并不难，难在选择具有造型特点的流沙塑形。

确定航摄的时间

最好选用低角度的侧逆光，它有助于表现景物的轮廓线条，形成明暗影调起伏，拉开相同颜色物体的色调反差，产生投影效果，使景物更具有立体感。阳光低角度通常也是日出日落时刻，黄色的沙漠暖调更为浓重。

选择航摄的气象

航摄沙漠要避免阴天、飞沙天或雾霾天，那时的沙漠颜色、质感、纹理都会因平淡而缺乏表现力。应该选择晴天或少云天气，太阳对大地形成明显的投影，有助于沙山图形塑造。

图1

图2

图3

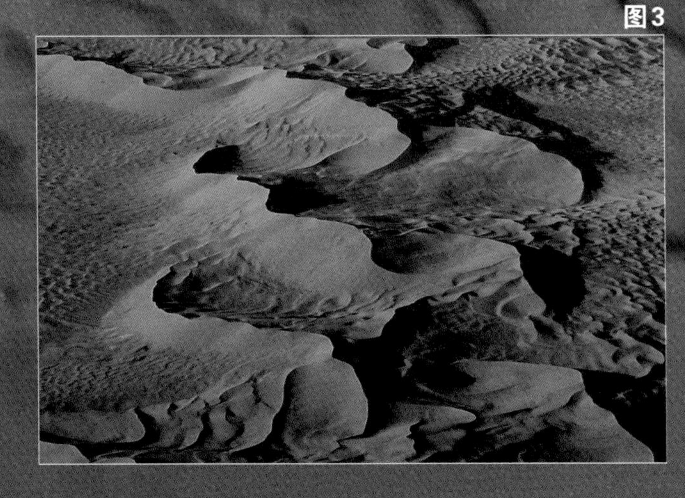

图片说明

•**图1**：沙化的丘陵由近向远，增加了大气透视感。起伏的沙型在侧影的塑造中，形成抽象派的自由波折线，给人以优美的动荡感。

•**图2**：腾格里沙漠的野坡荒岭，似画家用干淡的笔墨皴擦出大地的特殊质感。冰、雪、沙以及它们的中间色，使沙漠形成了丰富的色域空间。沙漠形成的特殊纹理，均匀分布无突出重点，是典型的无画面中心构成。

•**图3**：空中俯瞰，大漠荒沙缺少色彩变化和生命，却充斥着多种变化的图形。冰雪给沙漠增加了一个纯度很高的主色系，使画面纹理更加清晰。

•**底图**：沙漠疾风塑造了一个个圆形城堡，似月亮的地表结构，我把其中的一座当作主体景物定格在视觉中心。

航空巡察电力设施

巡察电力设施：乘直升机航摄巡视电网输变电外景

需要动用航空器大面积航摄的电力设施，包括两项内容：输电的线塔和配电的变电站。变电站遍及世界各个角落，而输电的塔架则与人类生存的自然环境融为一体。

拟定勘察的方案

首先，应通过实地观察，对变电站和输电塔架有感性认识。其次，进行空中试飞观察，拟定详细的航摄方案，最后分步骤实施航摄。

聚焦电塔的结构

要有概括环境地貌特征的背景，亦要有电塔全部结构的各立面影像。用顶光或测光突出塔群排列的走向，还要注意塔群横跨区域的风光地理特点。

描绘输电的风光

把输电线路当作风光摄影来拍摄，运用风光摄影的艺术审美观，把线路当作画意的创作元素，寻找它们与地理环境融合的趣味点。

发现站区的特点

航摄变电站：把变电站当作一处园林建筑拍摄，要有垂直俯瞰的影像，亦要有与环境结合的侧立面的建筑和设备的全貌图。把每个变电站从主面到侧面、从远到近、从高到低、从全景到局部，面面俱到地拍一遍。

图1

图片说明

•**图1**: 海面波光中的深圳至香港之间的海上电塔。

•**图2**: 用广角镜头航摄变电站的全景图，航摄一幅完整规范的变电站俯视图。

•**图3**: 记录与环境融合在一起的电塔，这是密集排列在京津高速京郊段的输电塔林。

•**底图**: 直升机在晨曦中进行电力巡线作业。

▼ 图2

▼ 图3

航迹装饰舰船造型

航迹装饰舰船：用船舶航行的浪花印迹装饰舰船影像

在空中俯瞰海面就像一块巨大的画布，航行中的舰船拖曳的一道道白色的尾迹漂浮在海面上，展现着有序无序的优美曲线，摄影者可以在点、线、面的组合中寻找画面秩序建立兴趣中心。

▼ 图1

摄猎运动的主体

航迹形成的曲线大小，展示着舰船机动的范围和动态。空中观察，舰船留下的航迹，明显地勾勒出动向。涡曲线旋转范围越小，表现舰船转向的角度越大，画面姿态越优美，越是富有起伏动荡感和旋转运动感。

装饰效果的浪涌

空中观察，舰船周围看似混乱的浪花，形成涡线型构成，表现着舰船的航行速度。舰船尾迹簇拥着舰船主体，浪涌的轮廓呈现着自由波折线，形成激烈的动荡感烘托着画面气氛。浪花越是表现得汹涌澎湃，船体在海中破浪前进的气势越是强烈。

线型造型的轨迹

每艘航行中的舰船都拖着长长的航迹，把机动轨迹和相对位置勾画得一目了然。浪花越大，航迹就越宽，延绵的距离也越长，表现出的速度感和动荡感就越强。这是舰船航行的轨迹，也是海洋航摄造型艺术的重要元素。

◀ 图2

图片说明

•**图1**：用四周的浪涌表现舰艇机动中的航行状态和航速，航迹产生强烈的引导作用。

•**图2**：在航摄飞机与快艇的相对运动中，摄影师发现了用航迹涌浪作为前景的构图形式。

•**图3**：摄影师让飞机降低高度，捕捉跌宕在波涛中的渔船。

•**图4**：潜艇在水面航行搅起的浪花组成多条自由波折线，形成了视觉方向变化和动荡感。

▼ 图3

▼ 图4

影调映照湿地环境

映照湿地环境：自然光谱透射陆水生态系统的过渡地带

湿地指天然或人工造成的沼泽地等，有静止或流动水体的成片浅水区，还包括在海滨低潮时水深不超过6米的水域。湿地土壤浸泡在水中，生长着很多湿地水生植物和众多野生动物，形成独具特色的风光景象。

湿地植被的特点

湿地环境表现为更广泛的植被多样性，裸露在外的土地及树木与原始森林相似，而埋在水里的部分又近似于江河湖海的画面特征。最具特点的部分是水陆交融的地域。空中俯瞰，绿色的植物、裸露的砂石、浸泡的水草、浅水的碧波、植物和水系相互依存变化多样，是航空摄影创作的最佳地域。

湿地生物的生存

我国的湿地中野生动物极为罕见，较为常见的是养殖的禽兽和各类飞鸟。利用飞禽点缀美化湿地地貌，追逐野生动物或家养牲畜以加强湿地环境的生气，从而追求具有艺术表现力的画意意境，应该是湿地摄影创作的发力点。

湿地植被的特性

湿地环境的图像特性包括：颜色特征、纹理特征和形状特征。其中，纹理特征包含了更多的宏观和微观信息，具有科考资料价值。当然，摄影师可以在有着丰富的光感、纹理、形状的唯美结构中，寻找最具表现力的图像特征。

湿地环境的光色

湿地环境摄影，可借鉴拍摄风光照片的教范要求，注意色彩饱和以及水面反光处理。深浅不一的水系把湿地地貌半遮半掩，被水浸泡的植被和植物表现出丰富的色彩。阳光的映照下水面反光与水波涟漪，给浅水下的地表作物赋予灵气，出现湿地环境特有的光影奇效。要注意反光产生的强光比对曝光的影响，还要注意调整白鹭、海鸥等白色飞禽与暗色湿地的强烈反差。

图1

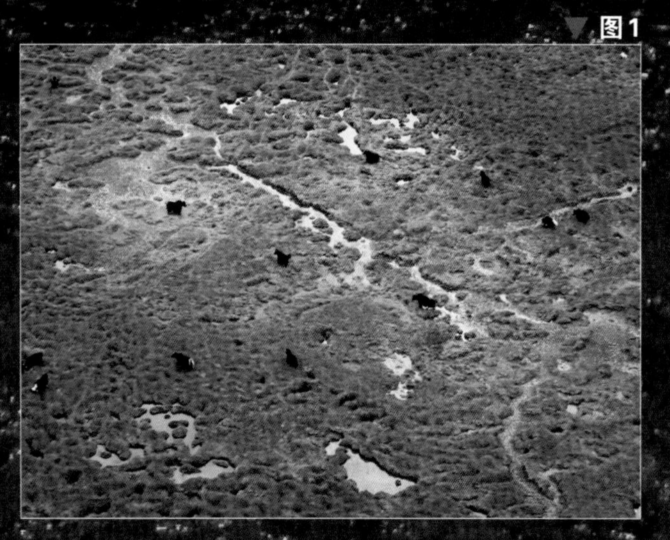

图2

图片说明

•**图1**：藏南羊八井沼泽地域的湿地环境，是冲洪积扇潜水溢出地带。

•**图2**：黑龙江漠河流域的湿地环境，形成了纯自然生态的复合型湿地公园。

•**图3**：江西的湖滩草洲是白鹭的理想栖息地，湿地保护区有珍禽异鸟150余种。

•**底图**：乘直升机关注江西的湿地环境。

◀**图3**

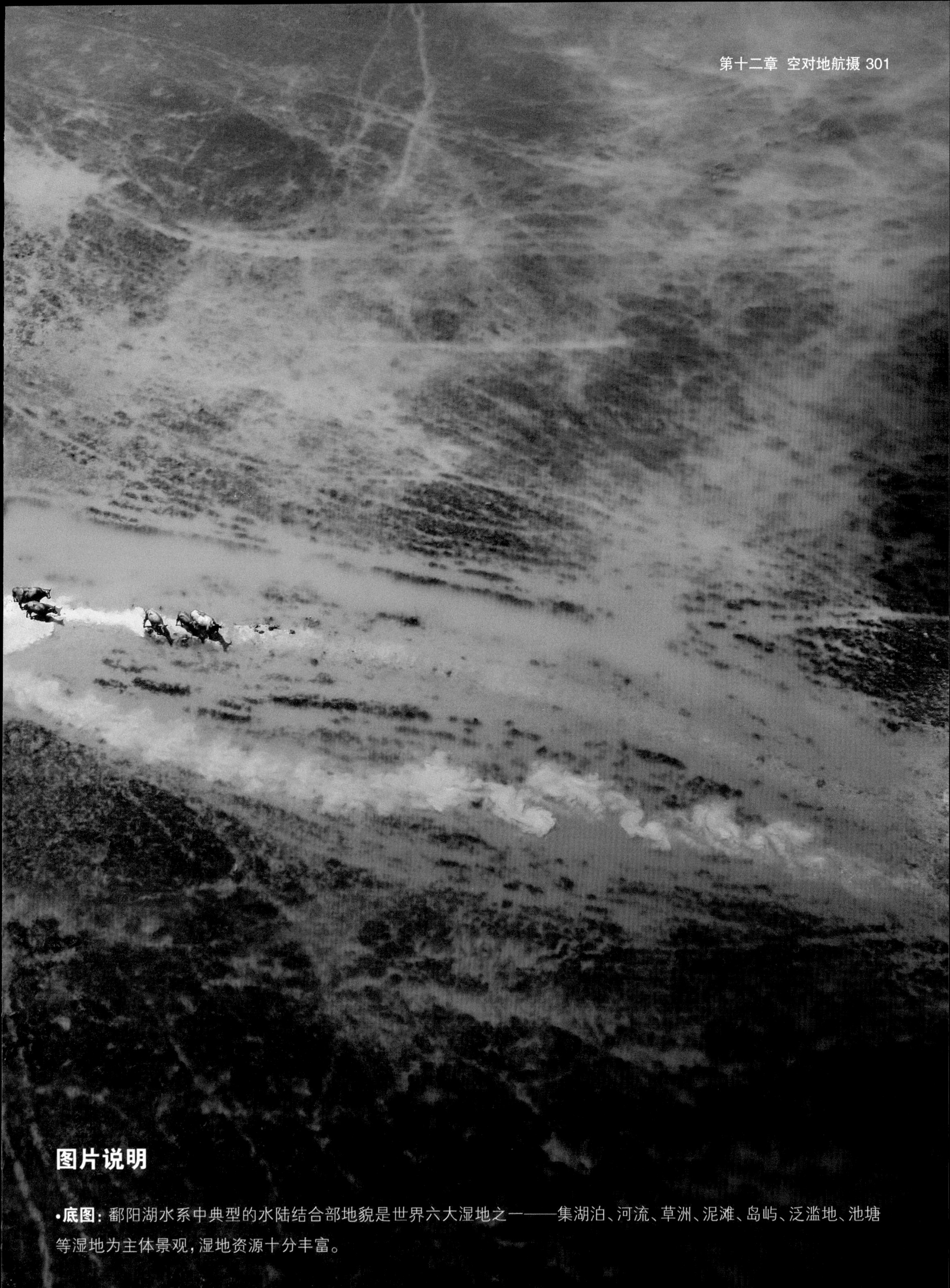

图片说明

•底图： 鄱阳湖水系中典型的水陆结合部地貌是世界六大湿地之一——集湖泊、河流、草洲、泥滩、岛屿、泛滥地、池塘等湿地为主体景观，湿地资源十分丰富。

描绘南海千层浪卷

南海千层浪卷：形容中国南海特有的岛礁潮涌现象

歌颂南海的诗歌，往往以浪花海潮为具象盛赞中国海疆那波澜壮阔的自然大美。建议有机会鸟瞰南海诸岛的摄影师，拿出技艺精华和无限激情，在空中描绘汹涌澎湃的南海浪，在鸟瞰的视界中刻画一往无前的南海潮。

南海浪潮的成因

海浪是发生在海洋中的一种波动现象，海浪是由风产生的波动，以风浪、波浪和涌浪组成。南海的大潮生成在特有的海况地貌中，与露出海面的岛屿和潜藏于海中的礁盘相伴，在潮起潮落的滩头形成了千层浪卷的奇观、万顷波涛的一道道风景线。

簇拥岛礁的浪潮

南海浪花是伴着岛礁存在的，有岛礁的海面必有浪花。在中国辽阔的南海海域，露出水面的陆地多是平缓的沙丘灌木和半露半隐色彩斑斓的礁盘，那是在水藻装扮下的鸟尸骨和粪便积成的沉积岩。海面因风动形成的涌浪，会在浅滩岸边转换成喷射四散的浪花，极具表现力和装饰性。

垂直俯瞰的特点

垂直对海180度拍摄俗称为“扣摄”，这个角度拍摄最能表现浪花的撞击感和力量感。问题是浪花呈灰白色反差极低，必须控制好曝光才能表现出细节。曝光不足就会一片“死白”损失质感；曝光稍过就会一片“死灰”，缺少层次感。

斜视浪潮的景象

倾斜俯视是表现海浪和浪花的常用俯角，让目光斜着向下鸟瞰海浪，使视线极大地扩展，能见范围会随着能见度向远方延伸。用广角镜头，可以把大面积的海浪潮头揽在镜头中，表现海浪的广阔无垠。用长焦镜头，可以用压缩空间的特点，让浪涌重叠挤压在视野范围中。

浪潮反光的控制

顶光或逆光会使海浪呈反光状态，由于白色的浪花反光率极高，所以拍摄时一定要减低曝光量，或减少四倍的曝光量。使超轻的亮度在曝光控制中得到平抑，让高光中的浪花出现层次。

浅滩透摄的效果

南海浪花附着在礁盘的周边，与多彩的岛礁融为一体，浪花不管在什么光线下都是白色，而那些潜入的珊瑚礁林随着光照的强度改变着色形，影像效果每时每刻都在变化。光线越强效果越艳，而阴天、雾天和早晚亮度较低时，岛礁会变得灰暗而缺少反差和色彩。

图1

图2

图片说明

•**图1**：垂直扣摄海浪，涌浪和礁盘组成艳丽的图案。

•**图2**：笔者喜欢用岛礁的边缘局部表现浪涌与礁盘的关系，礁盘的角落像两只怪兽等待着海浪的洗礼。

•**图3**：美丽的礁盘簇拥着浪花，附近复杂的地质结构使海浪失去了规律性。

•**图4**：摄影师应在混乱的海况中寻找浪涌规律性的结构。

•**底图**：把岛礁特殊的形状、色彩、质理、浪花等视觉形式要素，融入画面的组合配置中。

图3

图4

记述海岛地貌特征

海岛地貌特征：呈现在海面上的岛屿独特的地理结构

中国是一个海洋大国，拥有广袤的“海洋国土”，有18000多公里的大陆海岸线，海域340万平方公里，大小海岛6500多个，以海岛为航摄题材，应该有着广阔的取之不尽的地貌素材资源。在海岛国土争议突出的国际社会，航摄岛屿地理环境，记述海岛地貌特征，是航空摄影的重要使命。

群岛环境的描述

航摄群岛，首先是利用飞行高度，大范围、高角度地描述群岛的相对关系和海域特点。让人们对整个群岛有一个整体的环境了解，为影像营造君临天下的俯瞰感和一览众岛的辽阔感。

海岛特点的发现

首先，进行图上推研，明确重点岛屿，确定比较经济的航路航线。其次，实地进行逐岛盘旋俯视观察。最后，进行航摄形象记录和简单的要点笔录，力争做到不了草、不漏摄、不重复。每个岛屿应该有自己独特的地貌特征，摄影师要善于发现它们各有千秋的不同之处，从而找出最具表现力的标志性立面。

光影立面的光塑

海岛既有高度落差、植被特点、岛势变化，同时还有大海的光影烘托。海岛在全天的日光变化中呈现的外在岛屿形状、植被感觉、线型构成等地貌影像特征变化很大。摄影师应该自主选择临空时间，以达到预期的航摄光影效果。

▲ 图1

▲ 图2

▲ 图3

图片说明

- **图1：** 寻找表现海岛的标志性立面，灯塔是最重要的标志性建筑。
- **图2：** 光轴映区中普陀山显得异常秀丽，普陀山岛上的南海观音立像是航摄的主要地标之一。
- **图3：** 乘大连至威海的航班航摄刘公岛，展现岛屿的优美结构。
- **底图：** 大范围地概括群岛全貌，让观者对群岛有个整体的认识。

记述南海岛礁特色

南海岛礁特色：与沿海岛礁不同的中国南海礁盘风光

海面上能看到的叫明礁，看不到的叫暗礁。岛，是四面环水的陆地；礁，是江海中的石头。南海岛礁有许多不同于大陆近海岛礁的特点，因此航摄的艺术表现和技术要求亦有较大的区别。

南海礁盘的特点

露出水面的陆地多是平缓的沙丘灌木和半露半隐色彩斑斓的礁盘，那是在水藻装扮下的鸟尸骨和粪便积成的沉积岩。大部分礁盘隐入水中，俯瞰影像很难分清海水的深浅。

岛礁光影的色性

那些隐在水下的珊瑚礁林随着光照的强度改变着色形，影像效果每时每刻都在变化。光线越强效果越艳，而阴天、雾天和早晚亮度较低时，岛礁会变得灰暗而缺少反差和色彩。

礁盘透视的条件

南海岛礁，由于远离大陆人迹罕至，所以海水十分洁净，最高能见度达到水下40米。由此，遥摄应以光照强度为先决条件，一般可选择日照角度相对垂直的时间进行拍摄。

南海气象的影响

岛礁附近海域因礁盘深浅不一，会出现千层浪卷的奇异景象，当海面风大浪急时，那排山倒海的气势震撼人心。但风力影响飞机飞行，我们应该选择风力开始减弱，海面浪涌仍然很大的时机起飞航摄。

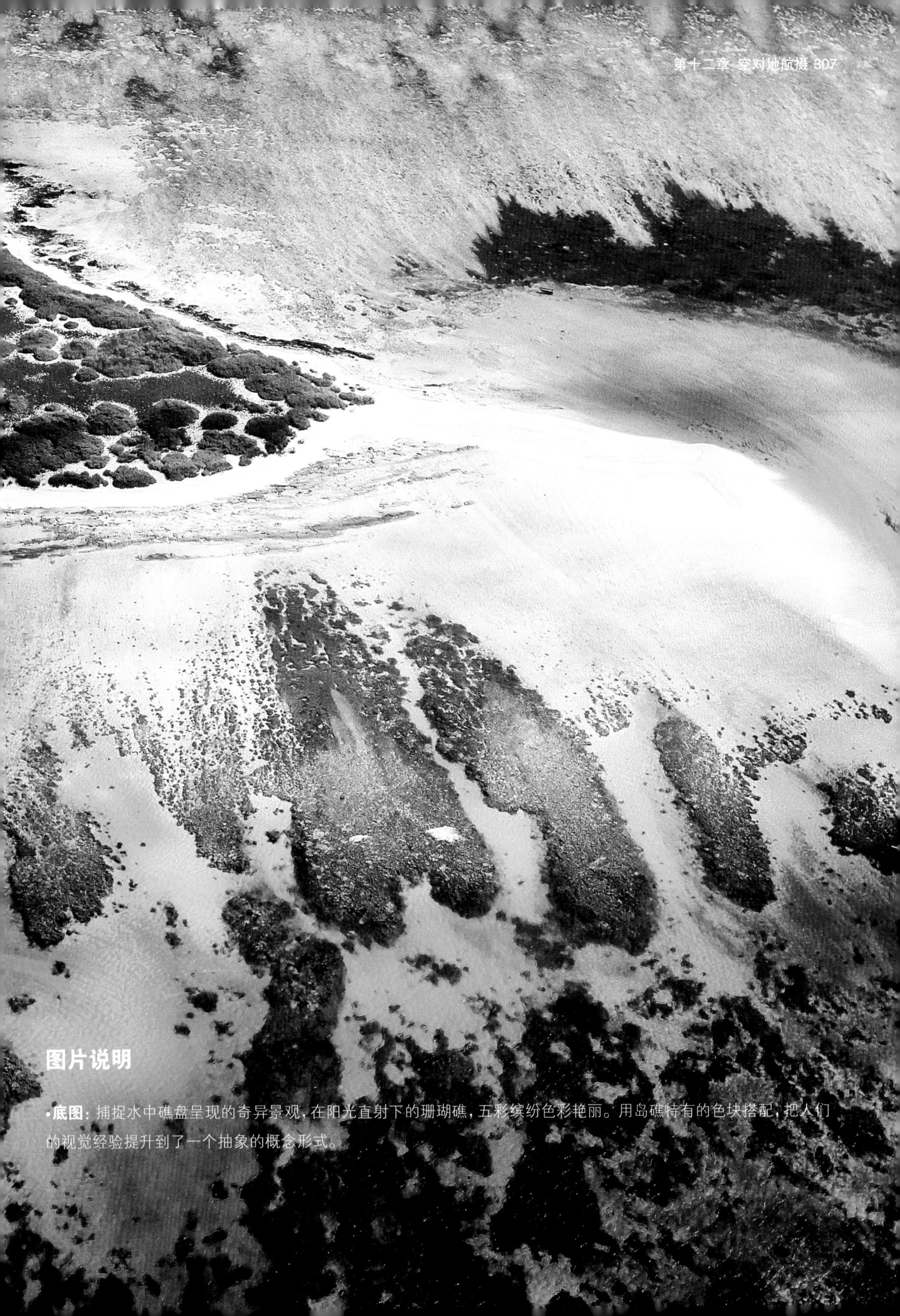

图片说明

•**底图**：捕捉水中礁盘呈现的奇异景观，在阳光直射下的珊瑚礁，五彩缤纷色彩艳丽。用岛礁特有的色块搭配，把人们的视觉经验提升到了一个抽象的概念形式。

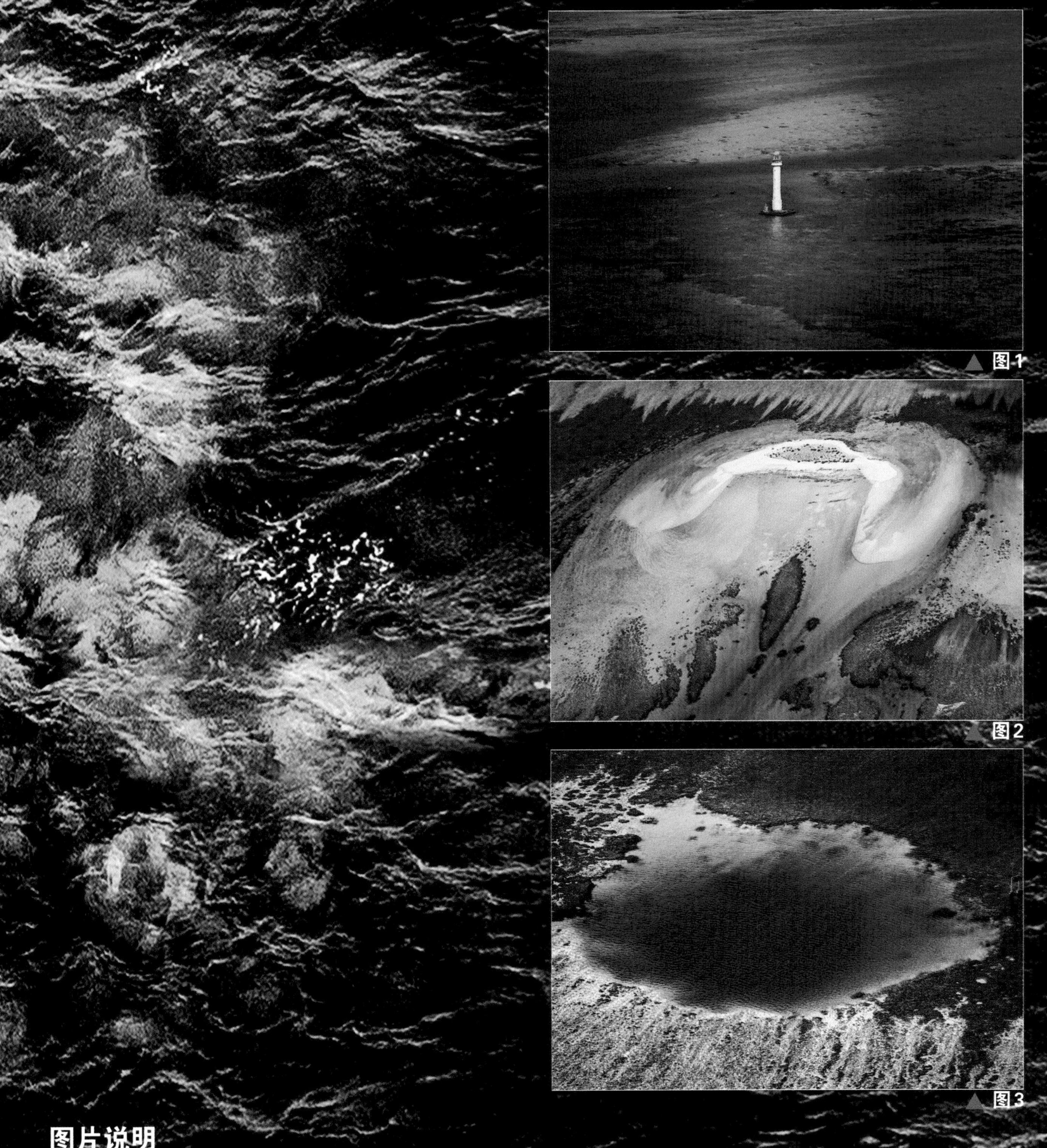

▲图1

▲图2

▲图3

图片说明

•**图1:** 在人之罕至的茫茫南海，摄影师用中焦镜头拍下了浪花礁航道的灯标，它是这片广阔海域中少有的人文标志。

•**图2:** 按照绘画构图的规则，寻找抽象和荒诞的装饰造型，营造超现实主义的灵活自由的排列配置。

•**图3:** 我们发现了大海深处的南海溶洞水纹和地质纹理波曲线的重复与变化交替的韵律美和晃动感。

•**底图:** 无人机在船上起飞，摄影师在无人机超出视距范围的海里发现了这处预定目标。

框取典型地理地貌

典型地理地貌：不同地域表面的形态、质感和色域特点

造物主为我们提供的生态式样足够丰富，航摄各地典型的地理地貌不是单纯记录的机械扫描，应在有形成无形、无形蕴有形中提炼美感抒发意境。

确定起飞的时间

起飞时间，关乎地貌呈现的影像效果。地貌环境存在一定的高度差，光线少时界限分明，沟岭低处隐入暗影之中。而光线多时，虽然地表高度差会被淡化，但会把地面植被的纹理层次映照出来。

选择进入的角度

进入角度，关乎脉络走向及光照方向。它直接影响航空影像的光感、透视感、纵深感等要素，是选择表现地貌景致理想立面的机动方式。

把握飞行的高度

飞行高度，关乎视野范围和俯视角度。低高度航摄虽然会接近地表，亦会产生类似登山爬高的平视感。飞行高度太高又会使地表覆盖过大，难于表现地貌特点和兴趣点。

掌控飞行的要素

飞行要素，关乎航摄任务的完成质量。航摄实施中摄影师应该具体把握飞行计划，除了预先飞行协同外，临空有了感性认识后，应及时发布清晰明确的指令，让飞行员操纵飞机配合完成任务。

发现有趣的视点

兴趣中心，关乎地貌影像的魅力所在。应该让飞机高空盘旋，以便俯瞰发现典型地貌的集中地。再指挥飞机下降接近，或用长焦镜头调取具有特点的兴趣中心。

图1

图2

图3

图4

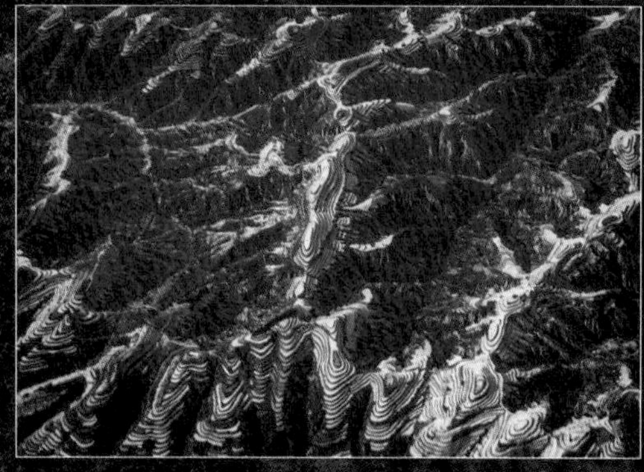

图5

图片说明

•**图1**：广西石灰岩经亿万年的风化侵蚀，形成千峰环立洞奇石美的独特地质结构，在大自然中的水陆交融、色彩流动中形成悠扬的节奏感。

•**图2**：甘肃戈壁绿色点状的耐寒植物，在浅灰的画面中被细细的深灰色线连成了网状的脉络。

•**图3**：俯瞰山区肌理的丰富结构形状，展现着太行山大裂谷典型的地貌特征。高反差的山区地质构成，创造出典型的自由线性组合。

•**图4**：残雪勾画出的陕北山区层层梯田轮廓，组成圆形套叠的地貌构成，将人们的视觉经验提升到了一个抽象的概念形式法则。

•**图5**：深秋，满山的红叶使燕山色彩发生了装饰性极强的质理变化，呈现出多样而统一的和谐状态，形同树叶表层的质理形状。

•**底图**：黄河源头犹如白色哈达般的河套，展现着古老的沉淀和大自然变换的轨迹，在白色丝带与大面积暗色调的反衬下，强化了大西北地域环境的苍凉与神秘。

第十三章 Chapter 13

地对空航摄

地对空航摄的学科定义

地对空摄影：以地球或以其他天体地表为机位坐标，平视角度拍摄地面上与航空有关的静止或运动物体，或者仰视角度拍摄宇宙黑洞、太空星体、漂浮物体、飞行器、航天器的空天摄影学科。

“地对空”概念出自军用导弹的分类，我们把它引用于空天摄影，用镜头指向明确界定摄影的学科门类。

聚焦飞行表演精华

飞行表演精华：挑战飞行极限的高难飞行展示

用惊险而美丽的空中特技表演艺术，充分地展示航空风采，用各种高难度动作充分显示飞行员的技术水平。在惊心动魄的特技飞行表演空域，随时会出现令人眼花缭乱的飞行场面，摄影师应该怎样发现、追踪、捕捉，最终完成自己满意的瞬间截留呢？

选好拍摄的机位

拍摄特技飞行表演，机位距离表演空域越近越好，机位高度越高越好；机位角度越正越好；拍摄方向则以顺光、侧前光为好。理想的机位应该在主席台附近的高点上。

熟悉表演的科目

进入实拍前，摄影师必须了解飞行表演的程序、空域、项目、机型、性能等，以便做好抓拍的心理和技术准备。对表演中出现的筋斗、横滚、尾冲等高难动作进行分析，认知梯队、纵队、箭形队等队形特点，了解飞行轨迹，以便预测特技飞行高潮阶段的出现。

观察远处的目标

拍摄飞行表演，应全方位观察瞭望，力争在视线的尽头，提早发现高速飞来的目标飞行物，为拍摄赢得宝贵的预前准备瞬间，发现目标的时间越早越能赢得主动。

多向跟踪的聚焦

对被摄体持续跟踪对焦，在纵、横、上、下等各种随机变幻中按动快门。在拍摄飞机多方向、多批次交叉飞行时，跟踪一个方向的飞机，并全力抓拍机群交汇飞行的瞬间。

定位守望的蹲摄

架设固定相机于某个定点位置，以特定环境为基准构图，等待飞机进入预留景区范围后按下快门。这种事先选定地标位置的拍摄方式，适合以主场景为地标的飞行表演。

图片说明

•**图1**：在特技飞行的混乱编队造型中，抓取相对集中的瞬间，随时注意飞行中的奇异变化，强调编队的动态。

•**图2**：壮观的国产歼教8战机特技飞行表演编队组合。

•**图3**：交叉飞行是在刹那间完成的，摄影师需要有预感和充分的准备。

•**图4**：要特别注意观察，大型飞行表演机群在远方展开的特技造型，用彩烟来注释空中高难特技动作的飞行轨迹。

•**底图**：要随时注意抓取飞行表演中出现的密集编队。

图1

图2

图3

图4

图片说明

•**底图**：摄影师用跟踪拍摄法，抓取表演难度较大的空中行走动作。

定格特技跳伞造型

特技跳伞造型：操纵伞具进行降落飞行的航空运动

跳伞表演被称为“空中芭蕾”．跳伞运动员在空中做各种组合造型，现在又加上了烟花表演。整个过程花样繁多令人目不暇接，摄影师如何从千变万化的跳伞姿态和造型组合中，提炼简约的有秩序的影像构成呢？

用好镜头的焦段

让拍摄位置尽量靠近表演区域，用长焦镜头拉近被摄主体，拉得越近对跳伞表演的局部表现力越强，构图的自由度越大。跳伞表演占有空域范围很大，容易在纷乱的表演区中顾此失彼，必须保持关照全局的意识。特别是运用长焦镜头拍摄局部时，更要时常把视线离开取景器，观察整个表演区正在发生的变化。

图1

强调失衡的动态

跳伞表演是在运动中进行的，动作时稳时险、时快时慢，应选择剧烈变化的瞬间，运用跳伞运动中失去平衡的状态，强调动作难度，营造动感气氛。

图2

聚焦交错的重叠

拍摄跳伞表演时，出现在画面里的元素越多表现力就越强。所以，应把跳伞员、烟花、道具等交错重叠的瞬间作为重点拍摄。要注重抓拍亮相造型，这是跳伞表演的高潮部分。当然，在跳伞表演过程中亦会出现一些形态变化的奇异瞬间。

烟花怒放的定格

烟花怒放，出现在跳伞表演的高潮阶段，在眼花缭乱跳伞花样中，烟火突然爆响，像军事演习发射导弹一样猝不及防。要拍好烟火，摄影师应该了解表演程序，做好预前准备，才能在偌大的天空中，迅速发现炸点、准确聚焦炸点，把华彩最集中的天空局部抓拍下来。

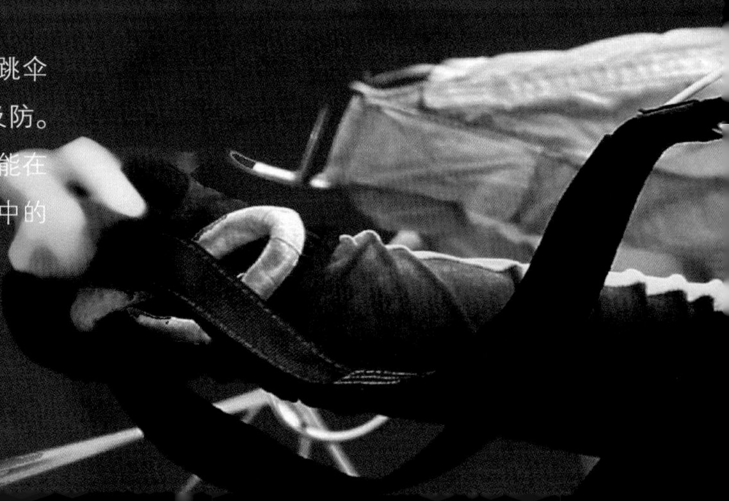

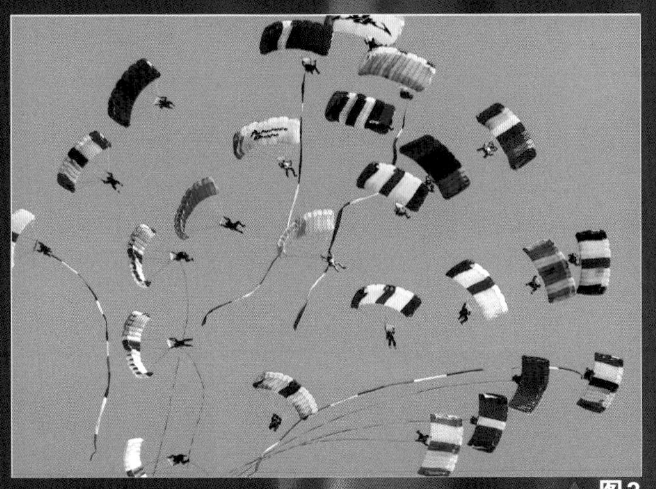

图3

图4

图片说明

- **图1**：国旗、党旗和军旗成为最具特色的花样跳伞科目。
- **图2**：国旗跳伞成为当代跳伞表演的固定节目。
- **图3**：登峰造极的“7国25人”国际造型踩伞表演解散的瞬间。
- **图4**：极具戏剧性和视觉表现力的“七仙女”降临主席台。
- **图5**：摄影师在机舱口抓拍跳伞队员跳出机舱的瞬间。
- **底图**：近距抓拍的女跳伞员喜悦的情绪。

图5

描绘飞机拉烟轨迹

飞机拉烟轨迹：飞机尾部喷出的特殊云系的走向

在飞行表演中，大家经常看到飞机身上冒出彩色的烟带，天空飞着的民航客机也时常留下长长的云带，在蓝天上漂浮，这就是人们俗称的飞机“拉烟”现象，成为“地对空”航空器摄影的重要表现因素。

表演拉烟的原理

为了提高观赏性，飞机机腹下加挂了一个液体拉烟吊舱，吊舱中注入高沸点的液体拉烟剂，通过氮气加压的方式将烟剂从拉烟喷嘴里“吹”出来，送入发动机喷出的高温燃气中，形成的蒸气遇冷后凝结成雾，就成为浓浓的彩烟。

飞行尾迹的生成

飞机在一定高度、温度、湿度、气压条件下，会出现尾迹，这是飞机发动机排出的废气引起水汽凝结的特殊积云现象。因为这种尾迹在天空中与蓝天形成的反差较小，拍摄时应采用逆光，或用偏振镜或增加曝光补偿等技法，使尾迹凸显在天空中。

凸显拉烟的要点

飞行表演拉出的彩带云系，在天空中勾勒出线型形状，形成彩虹般绚丽的复杂美术线条组合，已然成为特技飞行表演的装饰元素和“吸睛”亮点。光色是“地对空”摄影艺术的重要领域，要强化烟带所呈现出的艳丽色彩，使其形成不同的明暗色阶，取得整幅画面的光影调性效果。

拉烟航迹的导引

飞机喷出的烟带随着飞行编队的航迹在不断延续，在飞行姿态发生变化时拍摄，清楚地显示出飞行轨迹线路，表现飞机的飞行姿态和航迹动态，使观众视界得到扩展。告诉观众：飞机翻了一个筋斗；编队自俯冲进入跃升，等等。

图1

图2

图片说明

•**图1**：利用彩烟云带轨迹出现的变化，衬托飞机特技飞行的姿态，展现中国空军先进战机的飞行性能。

•**图2**：特技飞行中出现的飞机编队造型，是画面造型的重要元素。八一飞行表演队6机编队拉着彩烟向上跃升，营造出色彩斑斓的节庆喜庆气氛。

•**底图**：在特技飞行的混乱编队造型中，随时注意飞行中的奇异变化，梳理混乱的拉烟线条，定格具有美感的色彩组合。

▲ 图3

▲ 图4

图片说明

- **图3：** 运用飞机机体结构加强拉烟画面的图形构成。
- **图4：** 用长焦镜头发现跟踪拍摄拉烟的初始阶段和机动变化瞬间。
- **底图：** 在复杂气象中拉烟表演，会出现特殊的云系造型效果。

闪摄特技对冲瞬间

特技对冲瞬间：飞机从不同方向飞过汇聚点的时刻

对特技飞行而言，飞机对头交叉是难度较大的特技飞行难点。对飞行表演而言，多向飞机对冲是整个飞行表演的高潮时刻。对航空摄影而言，定格飞机交叉对飞瞬间是最大的技术难点。

拍摄位置的选择

选择飞机交会角度是拍好飞机对冲的关键。一般来讲，对冲表演的交汇点会对准主席台，因此以会场中心为轴线的范围，应该是最佳拍摄机位，偏移这个地带，拍到飞机交叉重合的概率就少了。

调整相机的设置

把快门速度调至1/6000秒以上，以确保高速对飞飞机能在画面中定格凝固。把对焦模式调至移动跟焦，以保持持续聚焦清晰，并打开高速连拍装置。

掌握拍摄的时机

对冲是特技飞行表演高潮中的千分之一秒，摄影师很容易在眼花缭乱中错过时机。必须沉下心来，经常让眼睛离开取景器大面积观察天空，并根据现场广播提示，了解对冲的时间和方向。

抓住对冲的瞬间

对飞表演开始是有预兆的，不同方向的飞机要拉开很远的距离。发现远方飞机分头对头飞来，要始终跟踪聚焦其中一个方向来的飞机，沉住气等飞机接近交汇点，按下连动快门摇动相机追随拍摄，待飞机完成对冲瞬间停下。

▲图1

▲图2

▲图3

图片说明

- **图1**：大型战机对冲的视觉冲击非常强，不足的是前一架飞机遮挡太多，略减了对冲的气势。
- **图2**：两架直升机的线性交错，增强了混乱的画面表现力。
- **图3**：摄影师用400mm长焦镜头跟踪拍摄飞机交叉瞬间。
- **底图**：两个美女分别乘两架飞机对头相撞，着实令人惊诧不已。

图片说明

•**图4**：喷气机对冲极具震撼力，这次对冲摄影师把焦点对向前一架飞机。

•**图5**：不稳定的对角线构成，加强了对冲的视觉效果。

•**底图**：摩托车和飞机相向对冲的瞬间，人、车和飞机结构缠绕一体的视觉感受非常强烈。

图4

图5

抓拍滑行起降过程

飞机滑行起降:定向起飞降落的飞行器快速移动

机场的面积很大，可选择的拍摄位置很多。摄影师必须先辨明飞行当天的风向，弄清飞机起降的方向。然后，根据拍摄目的要求确定拍摄位置，选用拍摄技法。

选择拍摄的地段

跑道后段，这里可拍摄战斗机降落后，拖着减速伞滑行或各种飞机降落接地点轮胎产生摩擦的瞬间。跑道中段，这里可在塔台或机场制高点上，用轻俯视角拍飞机标准照，亦可进行横向追随拍摄。跑道前段，飞机飞到这里时已经开始离地爬升，我们可抬头仰拍到飞机加力起飞时的气浪和飞机呼啸升空的气势。跑道两端，离开跑道可以在两头远距离拍摄，用长焦镜头调取飞机迎头加力起飞的尾焰或降落接地瞬间两侧轮胎激起的气浪。

采用预设的焦距

到达指定拍摄位置，可根据飞机在镜头中的结像大小，确定主体与镜头间的距离，事先调好镜头焦距，等飞机进入预设焦距范围按动快门,采用1/4000秒以上的高快门速度。

把控横纵的追随

横向追随，快门速度调至为1/30秒以下慢速。相机随飞机走向移动，在移动中按动快门，使飞机清晰而前后景拉成线条。纵向追随，选用长焦镜头，追随飞机迎面前进或背面远去的方向跟踪按动快门。用1/4000秒以上，或1/100秒以下快慢两种快门速度，可获取决然不同的影像效果。

图1

图2

图片说明

•**图1**：用慢速快门跟踪拍摄，用慢速快门横向追随拍摄K8飞机编队滑行起飞，让三架飞机虚实结合以强调视觉冲击力。

•**图2**：在机场联络道拍摄的滑行中准备起飞的表演飞机。

•**图3**：乘民航班机进入机场，准备登机的过程中我拍下了跑道上正在加力起飞的客机。

•**底图**：歼击机降落后拖着减速伞滑行，是摄影师们追捧的好画面。

图3

臂撑长焦炮摄技巧

臂撑长焦炮摄：臂力支撑大口径长焦镜头航空摄影

“大炮”是人们对大口径超长焦镜头的爱称，多用于远距移动目标的追踪拍摄。近年，“大炮”开始乘上航空器登高望远航空摄影，并投入特技飞行表演的“地对空”拍摄。

实操技术的特点

由于航空摄影要求挥舞速度快、范围大，因此只能靠臂力支撑。而焦距600mm的大口径超长焦镜头加机身重量已超6公斤。托举要领是：双手握紧，两臂夹紧，眼眶抵住目镜上沿，三点受力支撑。超长焦镜头调焦不准就会造成主体虚化。

▼ 图1

拍摄操作的难点

超长焦镜头视角狭窄，应该通过肉眼发现目标判定运动轨迹，然后再用取景器找到它。框取目标后迅速精确聚焦，确认焦点准确后再按动快门。跟踪航摄中“大炮”经常丢失无秩序移动的目标，必须“常抬头看看”用肉眼找回来，再用取景器锁定它。

▼ 图2

力量支撑的要点

全身多块肌肉发力撑起；拍摄时，常变换托举姿态；静止时，身体多部位支撑。为保障挥舞“大炮”的幅度和速度，必须随时调整身体的力量支撑点，保持全身受力协调以免受伤。经测试，臂力最强的摄影师挥舞“大炮”持续时限只有40分钟左右，因此应注意力量分配，保存体能耐力，在决定性瞬间到来前“有效举炮”。

长焦成像的特点

长焦镜头的最大特点，就是能够把远处的景物拉到眼前来，取得较大的影像。大口径超长焦距镜头的结像力较强，拍出的照片质感强、分析力高。能够明显地压缩空间纵深距离，夸大后景令构图更紧密。利用焦距长、景深小的原理，更容易获得突出前景虚化背景的效果。

▼ 图3

▲ 图4

▲ 图5

▲ 图6

图片说明

- **图1**：长焦镜头把两架相距一定距离的飞机，用压缩空间的特点叠加在一起。
- **图2**：用臂撑大炮地对空拍摄的战机空中加油编队。
- **图3**：用长焦镜头调取的直19战机满挂导弹低空飞掠。
- **图4**：中国航展的“跑楼”上臂撑“大炮”地对空拍摄的摄影师们。
- **图5**：用长焦镜头调取直20战机起飞时的机影。
- **图6**：用长焦镜头可以把远处的镜头清晰地记录下来。

追踪飞机通场飞行

飞机通场飞行：飞机低空飞掠机场、塔台或表演区

飞机单机或编队通场，一般是飞机起飞后或降落前，向塔台上的指挥官或主席台上的嘉宾示意的飞行礼节。此时，飞机高度低、距离近，相对速度不快，这是拍摄飞机或飞行编队的好机会。

平行视角的跟摄

站在看台、塔台、楼房等制高点，获得平视飞机视角。摄影师可事先调好焦点距离，采用高快门速度，等飞机进入预设焦距范围按动快门，也可横向追随摇摄。

仰望视角的追摄

可以最大限度地接近飞行航线，与飞机形成较大的仰角。因为飞机离得很近，飞掠而过的速度很快。可以用迎面固定焦距拍摄和转动镜头追拍两种方式。要注意的是：与飞机同步转身速度要特别快。

下俯视角的航摄

站到较高的指挥塔台上，或者搭乘编队的飞机，可获得俯视拍摄的角度。除了把飞机主体凝固定格外，别忘了运用低速快门横向追随的技法，使地面景物的后拉线条增强画面动感。

图1

图2

图3

图片说明

• **图1：** 拍摄单架飞机通场，应该尽量让主体充满画面，特技飞行表演飞机通场，应该在飞行姿态会出现变化时拍摄。

• **图2：** 国庆70周年阅兵空中梯队海军预警机通场飞行。

• **图3：** 战机在特技飞行中侧飞加力通场。

• **底图：** 大型庆典活动飞行表演通场，应注意提早发现跟踪拍摄。

闪摄曳光弹礼花秀

曳光弹礼花秀：飞行表演中发射的花炮和红外干扰弹

礼花是具有观赏性的烟火，是新近引入跳伞表演的科目。曳光弹是用于防卫导弹进攻的干扰武器，由于发光明亮，尾迹拖曳明显，观赏性强又经济安全，所以备受观者青睐，成为军事演习、空中阅兵、飞行表演不可或缺的亮点科目。

烟火发射的规律

发射烟火一般在飞行表演的高潮时段，经常被设计为表演结束前的谢幕之举。跳伞表演释放烟花，会伴随着精彩的多伞具组合动作。战机特技表演发射曳光弹，会伴随着剧烈的爬升、转向、机动等战术规避动作。

把控运动的跟焦

在表演飞机或表演伞具出现后，就应该把主体锁定在镜头的中心位置，盯紧它，手指半按快门，保持焦点清晰并持续跟踪聚焦，保持拍摄临界状态以便随时按动快门。

抓怕高潮的瞬间

每当飞机或伞具开始发射烟花或曳光弹，摄影师都会受激动情绪影响，失去控制力，只知道按动快门，而疏忽了拍摄程序和艺术审美的基本操作。面对发射的决定性瞬间，应该保持平常心，注意对焦清晰、画面取舍以及高潮瞬间的出现。

确保适度的曝光

曳光弹和烟花的亮度很高，与环境和飞行器形成很大的亮度差。一般要比正常现场曝光值高出三倍以上。释放密度越大，亮度越高。镜头拉得越近，亮度越高。因此，拍摄时相机快门不能设置到接近极限，光圈亦不能开得太大。要使曝光在曳光弹映亮的瞬间有充分的余量，以确保曝光适度。

▼ 图1

▼ 图2

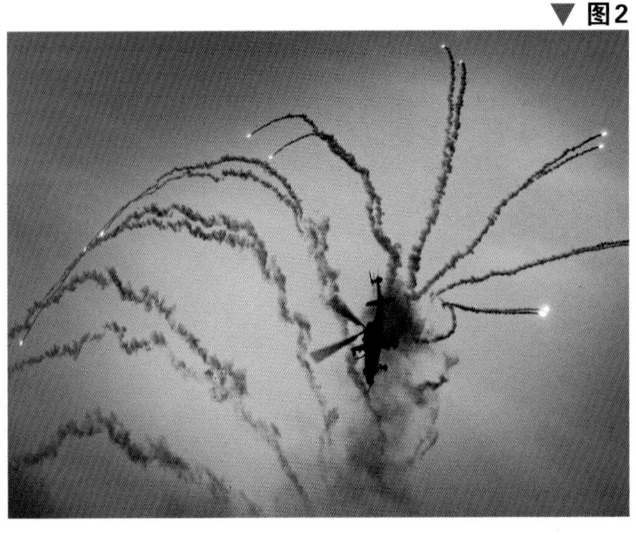

▲ 图3

▲ 图4

▲ 图5

▲ 图6

图片说明

•**图1**：武直10战机编队特技飞行表演时释放曳光弹。

•**图2**：在飞机与曳光弹形成的图案与光影中，表现编队释放曳光弹是地对空摄影艺术造型的最佳时机。

•**图3**：这是俄罗斯雨燕飞行表演队发射曳光弹，因为闪光与飞机颜色反差较大形成突出主体的效果。

•**图4**：航摄中国八一跳伞队表演，注意在混乱的烟火中抓取特技跳伞的线条变化。

•**图5**：机动三角翼在密集集群编队中燃放烟火。

•**图6**：曳光弹形成的自由波曲线与黄红色系相互渗透调和，营造出热烈喧嚣的恢宏镜像。

•**图7**：摄影师抓住了俄罗斯“勇士”6机编队特技飞行大幅度机动变化中释放曳光弹的瞬间。

▶ 图7

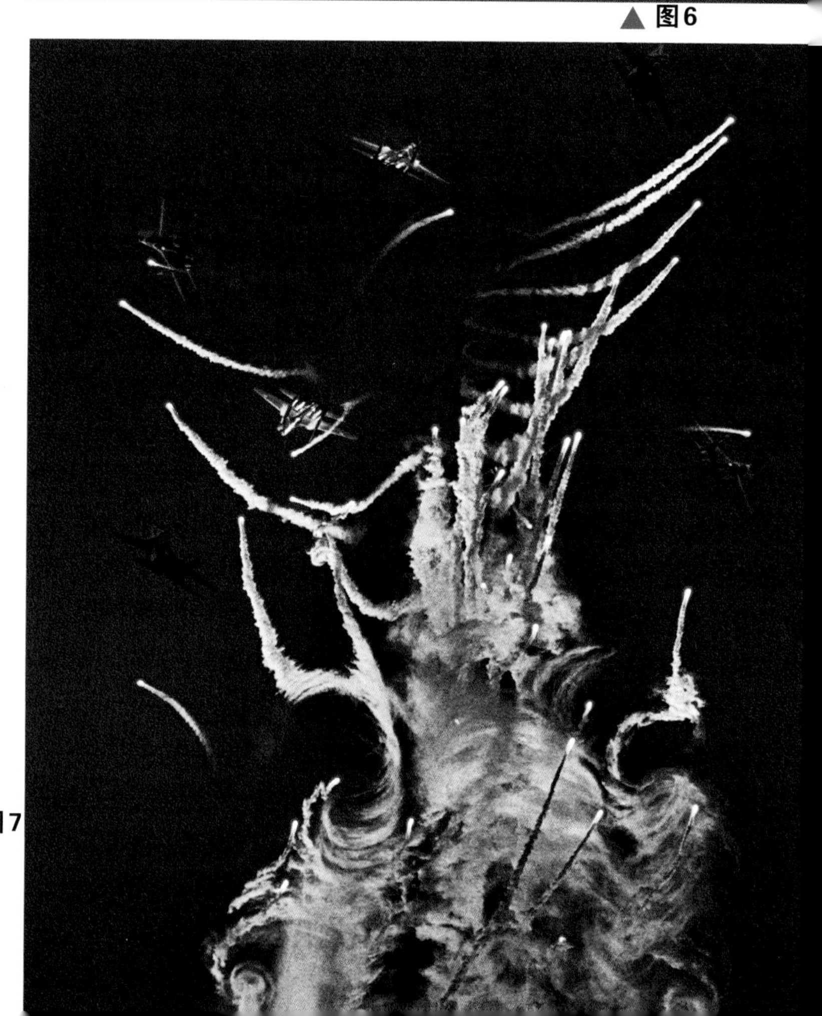

塑造空天飞行静物

空天飞行静物：地面停置中的航空航天飞行器的外形

无论是航展中展示的航空器、航天器，还是摆放在停机坪或机库的飞机，对摄影师而言，完全可以把它作为一个无生命静止的物品，参照静物摄影的教范要求实施调度、布光等造型艺术摄影。

掌控光影的塑形

用逆光表现飞机的轮廓；用平光表现飞机的金属质感；用闪光灯或人工补光，减少飞机结构造成的过强明暗反差，消除飞机蒙面反光和耀光，让主体亮度配比适中。

把握拍摄的角度

常用拍摄角度除了前、后、左、右，还有高、中、低。摄影师可以借助高架车、消防云梯乃至直升机，从高角度俯摄；也可以以飞机机身等高平行视角拍摄；还可以把相机放在地上用低角度仰摄。

选择局部的构成

从艺术审美角度出发，充分发挥飞机主体线性结构的特点，截取飞机优美的局部构成或部分涂装，或者根据拍摄的内容要求，选取有特殊功能的局部装具和武器装备。

拍出动感的效果

用拍摄技巧把停放在地面的静态飞机拍出动感，甚至给读者造成飞机腾空飞行的感觉。用人造烟幕掩盖起落架部分，使飞机产生腾空驾云的错觉；用滑动的飞机或运动的车辆、人员，使画面动静结合，让呆板的静态飞机活起来；利用跑道上的划线造成飞机运动的视错觉等。

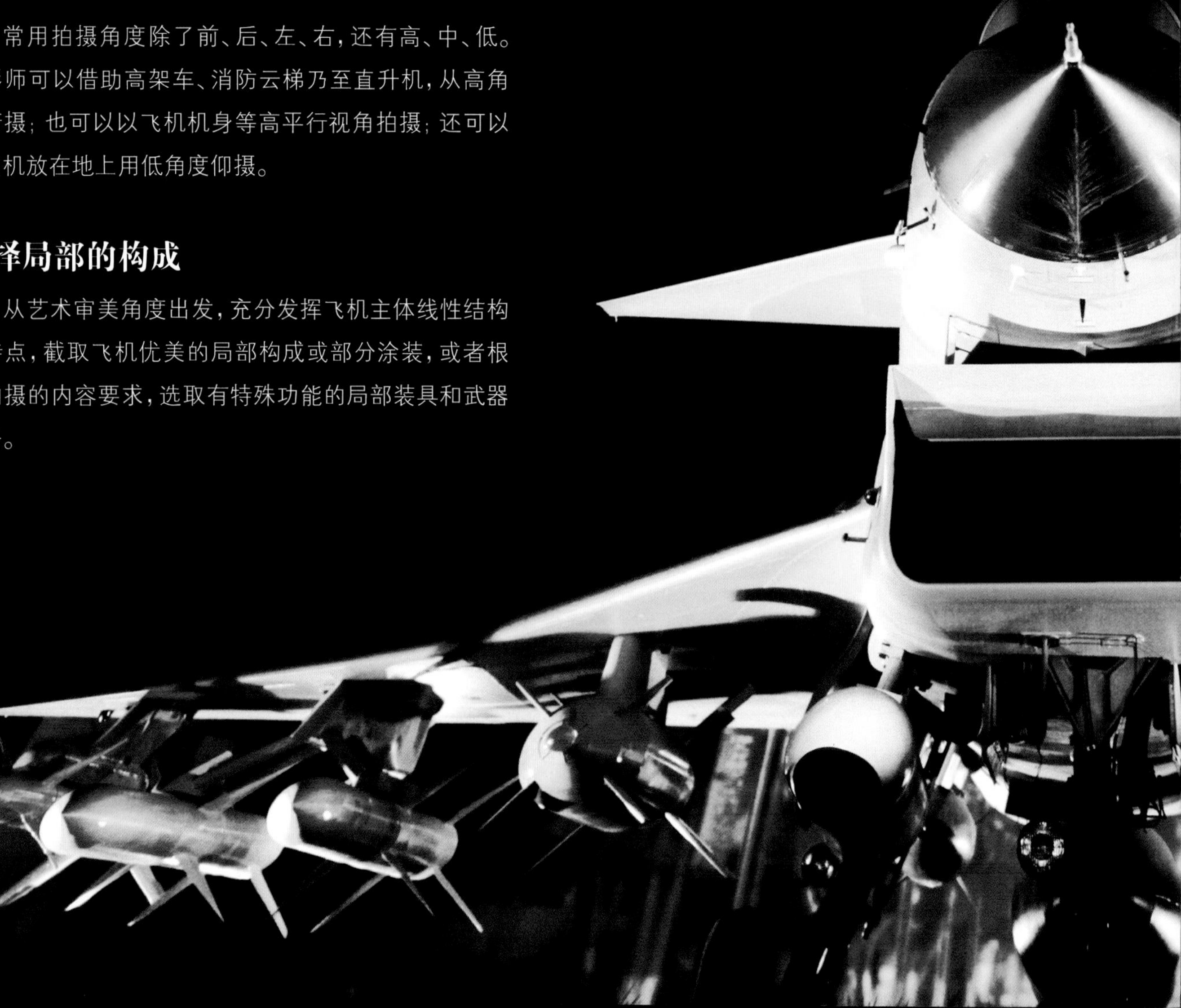

图1

图2

图3

图4

图片说明

•**图1**：用长焦镜头把整齐排放的飞机空间压缩，出现形式感较强的装饰效果。

•**图2**：用于航天员模拟实习的载人航天太空舱。

•**图3**：用西沙美丽的环境妆点摆放在海岛机场的作战飞机，用海岛机场特殊的环境增强飞机使命的诠释。

•**图4**：用朝阳剪影表现大型无人机起飞前的工作情景。

•**底图**：夜晚的灯光把成飞公司大门口摆放的歼10战机装饰得庄重却艳丽。

凸显空港跑道特点

空港跑道特点，不同地域机场飞机起飞降落道路的差异

无论起飞降落，我们都会在很低的高度俯视空港机场。特别是降落阶段，飞机会围绕机场盘旋，是航摄机场全貌和主要功能特点的好机会。这里我们对航摄机场的要令进行简要提示。

起降时要操作敏捷

起降阶段飞机围绕机场盘旋飞行，高度低、速度快，方向不断变化，此时景物后掠闪现瞬间短，对摄影师的观察和操作要求高。应按要领端稳相机，提高快门速度以保障凝固影像。

▲ 图1

飞行中要注重发现

航行中只要留意，就会在广阔的大地上发现机场。因为，机场跑道、塔台和航站楼的俯视影像特征鲜明，航路上飞行高度较高，飞机与地面相对运动速度不快，拍摄难度不大。

▲ 图2

航摄中要注意取舍

应该用广角镜头尽量观照整个机场，留下一幅完整的机场鸟瞰图像。同时注意机场与周边环境的地貌特征，发现最有特点的部位，主要是航站楼和机群等。

构图时应展示线型

鸟瞰机场，跑道的线性特点是最主要的画面构成要素。表现全貌时，应注意把握跑道在画面构图中的走向。表现局部时，应找出跑道最具表现力的线条分段。在表现跑道功能时，要结合现场设施、停置的飞机和运动中的飞机，表现机场特点和跑道的功能。

▶ 图3

▲ 图4

▲ 图5

▲ 图6

图片说明

•**图1**：用广角镜头括揽莱芜通用航空机场，以及国际航空体育运动节主会场全貌。

•**图2**：俯瞰宜宾机场及环境全貌。

•**图3**：西藏雅鲁藏布江形成的湿地是中国第一大“肺”，拉萨贡嘎机场就镶嵌在这万顷湿地之中。

•**图4**：同时停放军用飞机和民航班机的典型军民合用机场。

•**图5**：空中鸟瞰冰天雪地的呼和浩特机场，冬雪使机场跑道变成黑白线条。

•**图6**：空降兵某特种兵部队在机场进行战术突击演练。

•**图7**：镶嵌在卡斯特岩溶地貌中的桂林机场。

◀ 图7

刻画飞行人物神形

飞行人物神形：围绕飞行器工作的人物传情形态与神态

飞行员是飞机的灵魂，是航空造型艺术和航空新闻图片的重要元素和新闻点。飞行员是在机舱这个特定环境中操作的，因此，应该以现场环境的真实性为前提，如果没有特殊效果要求不应破坏现场气氛。

地面停置的摆拍

飞机在地面停置中，摄影师可以调度飞机和飞行员，按画面角度、景别、光效等预定方案配合拍摄。亦可运用人造烟雾或搭设云梯改变拍摄角度，造成空中飞行环境的视觉效果。

▲ 图1

地面活动的抓拍

摄影师不干扰被摄人物的实操状态，在飞行员地面活动或滑行起飞过程抓拍。摄影师必须选择合适的拍摄机位，并运用镜头选取飞行员的身体造型和景别大小。力争提早发现远处飞来的飞机，并用长焦镜头放大舷窗中飞行员的身影。

▲ 图2

空中飞行追拍

摄影师随飞机升空，在飞行中抓拍飞行员工作照。受飞行环境的制约不容易拍出完美的肖像，却可以表现真实的现场人物自然神态。

座舱定位的自拍

在飞机驾驶舱有限的空间里固定照相机，用遥控的方式拍摄飞行员。对于歼击机等小型飞机来说，因为没有摄影师乘坐的机位，拍摄无法实现。把摄影机固定在飞行员前方遥控拍摄，这种方式虽然角度单一，人为选取和艺术表现的成分被弱化，却是获取飞行员神态和飞行状态的绝佳视角。

▶ 图3

▲ 图4

▲ 图5

▲ 图6

▲ 图7

▲ 图8

图片说明

•**图1**：用长焦镜头调取起飞中后舱飞行学员的特写。

•**图2**：就要进行大型活动跳伞表演的八一跳伞队女队员充满自信。

•**图3**：用国旗背景强调航天员的爱国情怀，用落落大方的神态表现女航天员的英雄气概。

•**图4**：摄影师站在工作梯高处拍摄的歼轰7战机座舱中的飞行员肖像。

•**图5**：起飞前飞行员露出自信的笑容。

•**图6**：我军首批歼击轰炸机女飞行员。

•**图7**：拍摄飞模宣传画时，首先要做到人和物的构图结合，合理的布光和光控，而后是抓拍人物神态和姿态。

•**图8**：大年初一的国航客舱里，空乘服务员推着拜年车给乘客们拜大年。

•**图9**：在中国航空工业集团大楼前，我组织导演拍摄了中国第一艘航空母舰甲板试飞工作人员的风姿秀。拍摄飞行现场人物，也要讲究抓取情绪高潮。

◀ 图9

图片说明

•**底图**：选择特定环境表现飞行员的军人气质。

Annotation
学科术语注解

空：大气层之内的空域：低空、中空、高空。
天：大气层以外的空间：太空、深空、远空。
空天：以距离深远概念标定的空间可视范围。
航空摄影：航空器在大气层中飞行实施的摄影。
航天摄影：航天器在大气层外航行期间的摄影。
天文摄影：通过望远镜头聚焦宇宙深空的摄影。
太空摄影：地球以外的空间或天体进行的摄影。
空天摄影：借助器具离开地表对全宇宙的摄影。
空天神摄：赋予美好憧憬的悬空和太空的摄影。
空天创意航摄：以空天视角完成审美设想的影像创作。
线性构成造型：以线条结构作为航空影像画面要素。
画面构图布局：影像点、线、面组合形成的整体结构。
包围架构形式：景物被周边物质簇拥在中心的构图。
圆形俯视图案：规则或不规则的球状航空影像造型。
尾涡气旋视效：飞机尾喷涡流形成的空气扰动可视表征。
镜头光晕特效：利用镜头耀光产生的特殊镜像。
波光反光装饰：镜面介质反光和反射光斑的美化效果。
逆光俯瞰特性：来自航摄机位前方光源的俯视影像呈现。
迎光透视效果：镜头直接对向自然光源所呈现的影像。
美学光照塑形：运用自然光线透射美化景物影像。
空天纪实航摄：对现实事物进行空天影像记录的过程。
景物影像价值：大千世界中值得航摄的、有价值的物象。
搜摄预选目标：临空发现和航摄预前确定的地标景物。
典型局部镜像：具有代表性的、简约的被摄景物。
鸟瞰大众生活：空中俯视人间平常百姓过的日子。
俯视社会问题：暴露在航空视野中的弊端影像例证。
航摄突发事件：航空拍摄突然发生的事件核心现场。
重大事件航摄：乘飞行器拍摄重大事件进行中的现场。
依法航摄调查：获得客观事实俯视影像依据的过程。
地物变迁标志：留下将会被改变的典型地物的航空影像。
环境警示物证：生态环境被破坏的现场典型影像证据。
太空新闻摄影：航天员在太空和外星记录传播的影像。
空天动态航摄：空天机动与物体移动中获取的影像。
发现锁定目标：发现认定被摄主体的过程。
聚焦定格目标：在飞行中迅速发现拍下目标景物。
抓拍乱动目标：追踪定格无规则的自由移动被摄物。
运动速度表征：物体移动快慢的视觉效果。
飞行失态动作：飞行器失去平衡的高难预设飞行状态。
视觉断裂视像：破坏自然界正常秩序的跳跃性状态。
物体失衡动势：移动物体失去平衡状态产生的动感视效。
视觉力动方向：物体表面呈现出的动源趋势。
惯性超动状态：飞行器停止加速后向原方向的漂移。
地物平衡基准：框取地物时强调视觉的稳定。
跟摄移动目标：用慢速快门跟踪航摄运动中的物体。
飞机颠簸晃动：飞机遇到空中扰动气流造成的机体摇晃。
空天远距摄影：对镜头前方能见范围远端进行的拍摄。

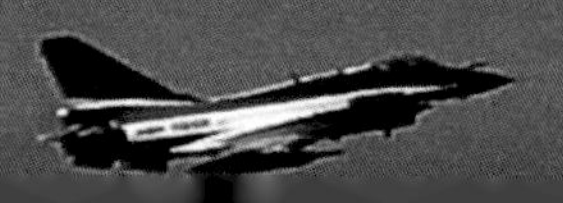

太空宇航摄影：太空航行或驻留期间的影像截取。
远距目标景物：距离拍摄机位较远的被摄景物。
辽远视效变化：相距遥远而辽阔的视觉效果特点。
远空月升日落：遥远的天空沉落或初升的太阳月亮。
渺远过往飞机：航行中相遇距离较远的飞机。
远摄震荡影响：飞行器产生的抖动传导对远摄的干扰。
空间距离效果：立体环境中物体点、线、面间隔的感觉。
舷窗透视畸变：隔着飞机玻璃拍照的成像变化。
近似外星地貌：地球上好像外星体地表形态的环境。
物像凌空感觉：景物在空中悬浮状态中的视觉效果。
大气透视规律：大气对空间透视阻隔产生的视觉效果。
太空摄影姿态：太空微重力环境拍摄的体位和姿势。
空天暗光摄影：在黑暗中探索聚焦已知和未知的视界。
探摄魅力星空：用摄影机探寻浩瀚深空星体形成的图案。
夜摄火箭发射：获取夜间航天火箭升腾的影像。
追摄夜射火箭：跟踪拍摄夜间火箭升空的运动过程。
深空幻影视界：宇宙星体形成的天宫光谱影像。
飞机夜空流影：飞行器晚上航行留下的影像痕迹。
高低光影调性：明暗和反差形成的视觉感知倾向。
夜间城市路网：晚上灯光辉映中的街道脉络造影。
夜航机场运行：夜间飞行或跨昼夜飞行部署中的机场。
混合暗光照明：早晚昏暗的自然余光与灯光的合成光照。
夜间灯火造型：用人工灯光照明塑造夜色中的景物。
空天视角管控：视线角度对影像效果优化呈现的规范。
管理俯视角度：权衡实施俯瞰程度的适度应用。
对地垂直扣摄：180度垂角向下“扣图章式”框取影像。
目光凝点定位：注视目标的视觉凝聚位置确立。
空天方向意识：机动飞行中摄影师对所处方向的感觉。
空天全向视角：借助航空器运动获得全方位视觉界面。
空天位觉迷失：空中失去对自我方位的感知。
驾驭机位变化：摄影师自主控制飞行器空中位置的机动。
俯视景深效果：空中向下聚焦时景物的前后清晰范围。
焦段透视变化：镜头不同焦距区段的特有透视结像效果。
现场参照物体：目标区域中建立视觉定位的物象依据。
机动梯次透视：空临现场对地标立体观照的顺序与章法。
空天俯瞰历练：反视场习性的俯瞰镜像凝结练习过程。
俯视跟踪能力：目力对下方移动目标持续锁定的功夫。
距离观测能力：飞行器与物体间相距尺度的视觉判定。
空天俯视经验：从飞行器上向下观察的习惯和功力。
视场能见程度：与可视条件有关的所有飞行要素。
机动飞掠刺激：飞机与地表互动时摄影师的身心反应。
应急操作失误：高负荷激动状态中造成的技术错误。
低空航摄难点：飞机贴地飞掠时的摄影操作难度。
心理品质培养：航空环境中的心境健康标准。
高铁体验飞掠：利用列车飞驰模拟感受掠地航摄。
高点模拟施训：登上陆地高处进行仿真航摄训练。
拍与看的差异：空中看见的与拍下来的不同效果。
空天画意传承：用中华传统俯瞰艺术表达魅力视界。
国画神传视角：中华神传文化俯瞰世相表征的美称。
国画俯瞰传统：自古中华国粹鸟瞰物象的造型表现。
国画俯度管理：效仿国画控制向下俯视观察的程度。
国画意蕴境界：国画中能领会却难以阐明的精神感悟。
国画韵律表征：中国画艺构成中的节奏与规律的表象。
国画视界宽绰：用视线平移升降取得高远宽阔的视野。
国画视点包容：古典画卷涵盖的多视点界面和海量信息。
国画俯视众生：古代画艺以鸟瞰为视点方向的人群写照。

油画优化世相：西方油画粉饰现实物象的直观效果。
画境鸟瞰美图：以俯视艺术要素构建鸟瞰图案造影。
美术光色效应：光线透射产生的色域给观者的心理影响。
空天载体分析：乘坐各种航空器进行摄影的优劣评价。
乘歼教机航摄：以歼击教练机为工作平台的航空摄影。
乘大飞机航摄：乘起飞重量超过100吨的飞机航空摄影。
乘直升机航摄：以垂直起降的旋翼飞机为空天摄影平台。
乘两栖机航摄：以陆上滑行、水上起降飞机为摄影平台。
乘初教机航摄：以初级歼击教练机为摄影平台。
乘民航机航摄：摄影师把民用航空器作为摄影平台。
乘轻型机航摄：以小型简易飞机为航摄工作平台。
乘热气球航摄：以加热空气为浮力的气球为航摄载体。
乘动力伞航摄：以带有动力的滑翔伞为航摄载体。
高铁历练动摄：乘坐高速列车练习运动中的动感摄影。
桅顶模拟航摄：借助杆桅顶部高度取得轻俯视航摄效果。
水泳模拟失重：水中产生的近似太空失重浮动状态。
无人遥控摄影：通过遥控无人机载摄影机获取影像。
实用特殊功效：无人机遥摄作业的优势功能及效果。
飞行俯视经验：从天上往下看的视觉习惯和阅历。
远距超视搜索：无人机超出摄影师目视范围搜索景物。
潜望遥摄技术：套用潜望镜向上伸出窥探的拍摄方法。
三步画面框取：通过三次距离调整精确框定目标。
三向视点协同：来自三个方向的视觉导航综合控制。
立体空间效果：景物三维空间视觉效果的表象凸显。
旋翼恐惧心理：摄影师针对旋翼危害产生的自警意识。
安全警示要点：顺利完成遥摄空中飞行的重要提示。
社会道德规范：遥摄中应该遵循正当行为的观念准则。
航摄遥摄特点：无人机和乘飞机航摄之间的共性和差别。
空对空航摄：乘航空航天器捕捉空天间景物的造像学科。
定格实弹发射：聚焦凝结战机机载武器发射的技术规范。
飞机飞行编队：两架以上飞机按一定队形编组飞行。
起降阶段目标：飞机起飞降落航段周边景物的兴趣点。
高天云山雾海：天空中的积云和笼罩低空的雾霾。
旋翼飓风特征：飞机桨叶挥舞形成空气扰动的特点。
航空母舰主体：以舰载机为作战武器的大型舰艇全貌。
凝结旋翼挥舞：定格飞机桨叶的影像虚化程度。
飞机外貌颜值：飞行器主体外形的威武或靓丽程度。
复杂气象视效：极端恶劣天气的特殊视觉感受。
航母战机起降：在航空母舰上起飞降落的舰载飞机。
空对地航摄：从空中俯瞰撷取景物和事物的造像学科。
城镇风光风貌：非农业人口集中居住地的整体面貌。
冰雪原野特点：被积雪覆盖的山野地貌的概况。
冰封江河躯干：被低温冻凝的河流干道走向。
典型农宅民舍：农民居住的有地域和民俗特点的房子。
桥梁线性组合：桥梁躯干呈现的集合线条。
光影塑形沙漠：用光影和角度描绘被黄沙覆盖的地域。
巡察电力设施：乘直升机航摄巡视电网输变电外景。
航迹装饰舰船：用船舶航行的浪花印迹装饰舰船影像。
映照湿地环境：自然光谱透射陆水生态系统的过渡地带。
南海千层浪卷：形容中国南海特有的岛礁潮涌现象。
海岛地貌特征：呈现在海面上的岛屿独特的地理结构。
南海岛礁特色：与沿海岛礁不同的中国南海礁盘风光。
典型地理地貌：不同地域表面的形态、质感和色域特点。
地对空摄影：以星球天体地表为坐标的空天摄影学科。
飞行表演精华：挑战飞行极限的高难飞行展示。
特技跳伞造型：操纵伞具进行降落飞行的航空运动。
飞机拉烟轨迹：飞机尾部喷出的特殊云系的走向。
特技对冲瞬间：飞机从不同方向飞过汇聚点的时刻。
飞机滑行起降：定向起飞降落的飞行器快速移动。
臂撑长焦炮摄：臂力支撑大口径长焦镜头航空摄影。
飞机通场飞行：飞机低空飞掠机场、塔台或表演区。
曳光弹礼花秀：飞行表演中发射的花炮和红外干扰弹。
飞行人物神形：围绕飞行器工作的人物传情形态与神态。
空天飞行静物：地面停置中的航空航天飞行器的外形。
空港跑道特点：不同地域机场飞机起飞降落道路的差异。